U0039962

REC SEX

簡明性愛辭典

Em & Lo's Rec Sex:An A-Z Guide to Hooking Up

作者=艾　瑪·泰勒 Emma Taylor

洛樂萊·夏琪 Lorelei Sharkey

插圖=亞瑟·芒特 Arthur Mount　　譯者=但唐謨

not only passion

大辣

dala sex 014

簡明性愛辭典

Em & Lo's Rec Sex : An A-Z Guide to Hooking Up

作者：愛瑪·泰勒（Emma Taylor）、洛樂萊·夏琪（Lorelei Sharkey）

插圖：亞瑟·芒特（Arthur Mount）

譯者：但唐謨

責任編輯：呂靜芬

校對：郭上嘉、黃健和

企宣：洪雅雯

美術設計：楊啟巽工作室

法律顧問：全理法律事務所董安丹律師

出版：大辣出版股份有限公司

　　　台北市105南京東路四段25號11F

　　　www.dalapub.com

　　　Tel：（02）2718-2698　Fax：（02）2514-8670

　　　service@dalapub.com

發行：大塊文化出版股份有限公司

　　　台北市105南京東路四段25號11F

　　　www.locuspublishing.com

　　　Tel：（02）8712-3898　Fax：（02）8712-3897

　　　讀者服務專線：0800-006689

　　　郵撥帳號：18955675

　　　戶名：大塊文化出版股份有限公司

　　　locus@locuspublishing.com

台灣地區總經銷：大和書報圖書股份有限公司

地址：242台北縣新莊市五工五路2號

Tel：（02）8990-2588　Fax：（02）2990-1658

製版：瑞豐製版印刷股份有限公司

初版一刷：2007年4月

定價：新台幣 365 元

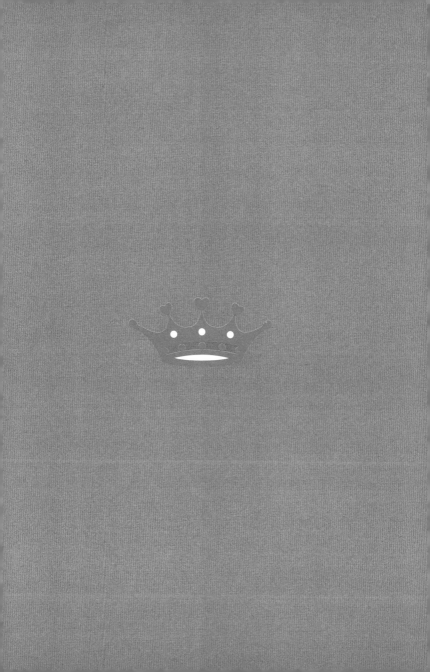

Rec Sex：為了娛樂而性愛

性愛這個東西，實在很難捉摸，因為你永遠搞不懂自己在幹嘛。我一直在為性愛定規則，但是每一次都馬上就破壞規則。去年我又定了一個規則，規定自己不要再和女生胡攪瞎搞，但是我實在耐不住，太痛苦了！不到一個星期就違反了規定，其實，我當天晚上就破壞了自己定下來的規矩。── 荷登‧考爾菲德（Holden Caulfield），節自《麥田捕手》

性愛這個東西，是我們再熟悉不過的事，我們很清楚自己在幹嘛。不過你手上的這本書，可不是什麼性愛規則喔，那些自我設限的性愛規則，拿來對照自己的處境，最後總是一點用也沒有（如果只想遵循一條規則，那就是別和會傷害你的人多攪和）。盡責的導遊都會告訴你，要清楚自己身在何處，最好的辦法就是觀察你的四周，從腳下看到地平線。這也正是我們這本辭典所要做的，只不過，我們還會看到你的床單下面。

逢場做愛（casual sex）有個問題是，做得人多，但承認的人少。一部分的原因是，因為次數太頻繁，而且有一方把性愛當成逢場做愛（參考：單向逢場做愛〔unilateral casual sex〕）另外一方卻不這麼想；另外的原因則是每個人對逢場做愛的定義都不一樣。

或許在你的認知中，正式交往之前的愛撫，應該歸類成釣人（hookup）；或許你並不把一夜情（one night stand）當作真正的逢場做愛，因為你希望隔天對方會把你加入他的好友名單（Friendsters）。或許你覺得，調戲也不算是逢場做愛，因為你玩得不夠盡興；或許你是那種覺得高尚仕女是不會搞逢場做愛，只會釣人的人（如

果你剛好是這種人，那麼本書就是你的福音）。也有些人覺得這個字眼問題多多，他們覺得「casual」這個字聽起來很沒大腦，好像做愛就像穿著家居服看電視那樣輕鬆。但是我們都很清楚，做愛要達到這樣隨性的境界，還得經歷過又臭又長的約會階段呢！嘿，總是得給那些已婚的人一些回饋吧。

因此，我們這本書用Rec Sex當書名，這個詞就是一把五百萬大傘，一口包辦了所有調皮又搞怪的性愛模式（而且唸起來又開心）。Rec sex（recreational sex），就是為了娛樂而性愛，而且說真的，如果你的性愛沒有被娛樂到，一定是你的觀念不對。娛樂性愛並沒有保證一定會爽到，也不表示沒有後顧之憂。娛樂性愛只是兩個或兩個以上的成年人，在正式感情關係之外的性愛，這個字眼也排除了「逢場做愛」的負面形象。

這樣說好了，如果你並非只和你的另一半做愛，這本書所談論的主角就是你。即使你只和你的另一半做愛，並不表示你以前沒有娛樂性愛過（參考：三十歲前的好奇雙性戀〔BUT，bi-curious until thirty〕），也不表示你以後就不會有（參考：心碎性愛〔heartbreak sex〕）；或者，你現在正偷偷摸摸地在搞這個把戲（參考：通姦〔adultery〕……真可恥啊。）

把這本書當作一個自我冒險的機會吧！書中的每一個詞條，以及這篇前言中提及的許多字眼，都用顏色標明，並可以連結到至少兩個其他詞條。例如：當你翻閱到「一夜情」（one night stand）的定義，就會連結到「性愛協定」（prenook），然後又會連到「性期待」（sexpectations），再繼續連到「復古性愛」（retrosexual）或「保險套」（condoms）。你也會發現，「六度分離」（six degrees of separation）、「六度凱文・貝肯」（six degrees of Kevin Bacon）或「性度分離」（sex degrees of separation）都在本書有明白的定義解說。

這是一套循環的查詢系統，因為不管是逢場做愛、娛樂性愛、釣人，或者任何一種形容正式交往前的稱呼，這種階段本來就很少有清楚的開始、過程和結尾。有的時候根本連這三項都沒有。雖然在Google的世代裡，已經沒有什麼問題是無法回答或不能回答的了，但是我們還是搞不太清楚，跟這個已經上過床的性伴侶到底算不算在交往（dating）？

面對著一個混沌不明的釣人文化，還好我們有做筆記——就是這本性愛辭典，囊括了打炮求生準則，以及性愛所引起的周邊效應，例如：心痛、嫉妒、笨拙的早午餐、沒有回call的電話、性挫敗、很瞎的釣人用語、宿醉、性病、為了逃避寂寞而隨便找人打炮，以及……好笑的假高潮表情！

REC SEX
A-Z

A

about last night
| 關於昨晚

❶ 八〇年代的一部經典電影（當時的電影中，充滿著又高又大的髮型，和無聊可笑的對白），主角是黛咪摩兒和羅伯洛。劇中的這對情侶，把他們的一夜情昇華成美麗的男女朋友關係；不過，那只是因為他們都是俊男美女。

❷ 一夜情（one night stand）之後（或許是錯誤的一夜情）的第二天，帶著攤牌性質的談話。或許你不希望對方誤以為你是認真的，或許因為你很想再演黛咪摩兒和羅伯洛的情節，也或許因為對方就住在隔壁房間，你不想天天被性騷擾。

所以，一夜激情之後，把這一行字快快樂樂地擺在email的標題上，寄給你前一晚的性玩伴，是絕對必要的。

adultery
| 通姦

摩西十誡當中，最糟糕的罪行之一（雖然說，貪吃之罪對身材曲線的傷害更大），就是和你固定伴侶以外的人發生

A

祕密姦情。這個字眼，帶著很嚴重的欺騙成分，通常都是指婚姻中的背叛。被劈腿或戴綠帽（cuckold）的人或許有不同意見，不過我們還是要說：「通姦真是太差勁了！」

AdultFriend Finder.com
| 成人交友網站

根據這個網站上的文案，這是「全世界最大的性愛交友網站」。網站會員們很愛用非常誇張聳動，充滿挑逗意味的暱稱，例如「三號肛門獸」（analfreak3）、「現在就要舔屁屁」（lickerassnow）、或者「狂抽猛送一下下」（pounditforawhile）。會員們也會在自己的網路交友欄中，貼自己的屁眼（assholes）特寫照片。

參考：網路交友（online personals）、網路（Internet）

Alfie
| 風流奇男子

這是英國演員米高肯恩主演的一部電影，他飾演的男主角「阿飛」是個淑

→

9

女殺手（lady-killer），這部片後來重拍，男主角換成裘德洛，中文片名為《阿飛外傳》。片中最經典的台詞是：「我根本不想要有人喜歡我，但我沒辦法啊！」最後阿飛打算安定下來的時候，卻被一個更年輕的男人給打敗了。世事就是如此啊！阿飛！

all-play
| 大家一起來

這個詞是用來形容群交（group sex）的壯麗景觀：從3P（three-way）到旅館轟趴（motelful）。在這種地方，嚴禁有人坐冷板凳，每個人都要下場身體力行（幫大家補充桌上的點心小零食不算）。

anal sex
| 肛交

天主教女孩子保持貞潔的方式，不過這只表示她遵守了誡律，並不代表她靈魂上的貞節。

參考：鑽漏洞（loopholing）

anonymity
| 匿名

❶ 不在城裡，不在線上，假裝是另外一個不同身分的人。或許這樣更興奮、更刺激，也或許你不想在網路上被逮到你的真實身分。

❷ 跑去外地的高級飯店參加年度行銷大會，故意不掛上名牌（搞不好有機會在飯店的豪華套房裡，發生燈光美氣氛佳的匿名性愛）。

anonymous STD notification
| 匿名性病通告

性病診所為染病的性愛活躍份子提供的通告服務。你只需要把你性伴侶的姓名和地址給他們，他們就會幫你寄出「小心注意！」的匿名信。這封信雖然微不足道，但是收到這份通知信的人，必須要有過人的毅力，把花名冊（little black book）中的163個電話翻出來，一一打過去問。

醫院單位認為，發出這樣的匿名通知，總比完全不通知來得好。舊金山也有一個類似的網站，提供匿名電子明信片的寄送，信件的標題大概是這樣：「我因

為打炮而中標了,所以你也可能因為跟我打炮而中標。」不過我們覺得,從這種網站發出去的電子郵件,可信度微乎其微。世界上充滿了太多無聊沒事幹的14歲小鬼頭,以及分手之後,妒火中燒、滿肚子不爽的前任情人。

appointment sex
| 約會性愛

這是一種比電話炮友(booty call)更正式一點的關係。這種性愛約會,通常會在24小時前先約好,雙方都很謹慎,喜歡用email聯絡,而不是傳簡訊(text message),或者突然打電話約人。

喜歡這種網路性愛炮友的人包括:年紀比較大,整天工作的人、正在戒酒中的酒鬼、單親父母、不喜歡聽冷笑話的人,因為他們沒有耐心(也沒有心情)等到最後一秒鐘才打電話約人。

arm candy
| 臂彎花瓶

❶ 這種人啊!跟他們交往太無趣,拿來打炮太奢侈,但他們實在是長得

很可口,不該白白浪費掉。於是,你就會把他們帶去參加一些需要攜伴的場合,例如:開幕酒會、生日派對、應酬、婚禮等等。

節目結束之後,如果你不想跟他們上床,只要表現出紳士淑女風度,跟他們說掰掰,一切就解決了;但是如果你酒後亂性,真的把他們帶回家幹了一頓呢?拜託!至少你碰到的不是女狼俱樂部(coyote ugly)的恐龍吧。這種人又稱「豆腐男女」(tofu boyfriend/girlfriend)。➡

❷ 一種拜金男女（gold digger），利用他們的外表或魔鬼身材，獲取經濟支援或貴重的禮物。

assholes
混蛋、屁眼

❶ 無賴男（cad）、羅傑道傑（roger dodger）、玩家（player）、大玩家（playa），所有分手過的前男友，都是混蛋。他們也許是性感猛男，但絕非好男人（nice guy）。

❷ 一夜情的時候，經常會插進去一種洞，使用時，請務必進行安全性行為。

away game
外地性愛

❶ 出門在外的時候搞起來的逢場做愛（casual sex），但是家裡還有一個有婚約的伴侶（真不要臉！）。

❷ 在別人家打炮過夜，而不是把對方帶回自己家。理由可能是你有室友、同居情人，或者你家的浴室髒到長霉了。

B

bachelor party
┃ 單身漢派對

婚禮之前，為新郎舉辦的派對。依據傳統，這種派對都是由新郎的狐群狗黨們協助舉辦，慶祝他死會了（或者哀悼他從此以後再也不能胡搞瞎搞！）。新郎的朋友會把這個派對塑造成當年大學宿舍兄弟會的樣子，也會準備龍舌蘭酒和脫衣舞女郎助興。

很多男人都誤把單身漢派對當作「一對一關係」（monogamy）的法律漏洞，以為可以藉機再來個口交，或者胡搞最後一次（單身漢派對的禮物）；尤其當他的朋友們安排那位「最後一炮之女」（one last fling）的乳頭上掛著誘人的流蘇時，最容易擦槍走火。

現在把概念好好澄清一下：讓脫衣舞女郎在準新郎的大腿上跳豔舞，是單身漢派對上可以容許的節目；但是被打手槍則是禁止的，除非事先得到未婚妻的許可。承諾就是承諾！約定就是約定！不過，準新郎得不到的好康，伴郎倒是可以替他效勞。

bachelorette party
┃ 準新娘派對

在這個派對上，新娘的女性朋友們會趁機提醒這位準新娘，她以前曾經是怎麼樣的一個賤婊子（slut）。而保險套耳環、假婚紗、水果調酒，都是這天晚上的必備品。

在派對中，當準新郎出現的時候，會受到熱烈的歡呼和掌聲，然後會有一堆人要他擺pose拍照（有可能是拍半裸相片），脫掉內褲送給新娘，還要買一輪叫做「尖叫中的高潮」（Screaming Orgasms）的雞尾酒給在場的每個女性。酒送來的時候，準新郎會像垃圾一樣被眾女丟到舞池的中央。

接下來，打扮成消防隊員的猛男上場，準備撲滅準新娘的滿腔慾火。這位還沒成名的脫衣舞男的表演狂野夠勁，雖然他是異性戀，但是他的表演卻超像個同志猛男，而且身上的體毛刮得乾乾淨淨，比女人還光滑。在這種情況下，新郎不用擔心。

不過，如果這堆女人跑去夜店酒吧辦派對，而酒吧裡的脫衣舞男非常異性戀，褲襠又有一大包激凸，在台上的演出也火熱煽情……小心擦槍走火喔……

參考：淑女之夜（ladies' night）

back rub
| 揉背

這是一個極具感官挑逗意味的按摩。做過這種按摩之後，上床做愛的機會高達90%（如果你吃這一套的話）。會主動提出如此建議的，通常都是一個很想爽一下的人，而對象則是他們從來沒機會搞到的人。

baggage
| 包袱

過去失敗的人際關係，所導致的新問題。有時候和家庭有關（我的母親不夠愛我，所以我把女人都當成廢物）；或者和性愛有關（我的前男友欺騙我，和我的朋友上床，所以我才會偷看你的email，查你的隱私。）

雖然在長久關係（LTR，long-term relationship）中，這種情況可以預期，也無法避免（誰沒有過去？），但是連一夜情或者交往（dating）前期，也搞這種把戲，實在是很討厭很麻煩的。如果你的包袱實在太沉重，不妨週末的時候找朋友促膝長談，或是去看心理醫生吧。

bar
| 酒吧

酒吧是最方便最普遍的釣人場所，大家在這裡尋找性愛、尋找一夜情、尋找廉價、無所謂且空虛的性（反正有個黑暗的角落可以搞）。

在這種地方比較放得開，不論是釣人還是被人釣，選擇性愛對象的標準也不會那麼高。尤其幾杯威士忌下肚之後，每

個人都很「不挑」了。

如果在酒吧釣人（hookup）回家上床之後，幸運地發展出一生一世的永恆之戀，也許很難把這段戀愛邂逅，描寫成一段浪漫優美的愛情故事，說給孫子們聽。不過，假如你們已經80歲，還愛得死去活來，誰又會在乎當年你們是怎麼相遇的？

參考：性愛酒精（booze）、茫到鬼遮眼（beer goggles）、女狼俱樂部（coyote ugly）、戀愛（romance）

bartender
酒保

促成一夜情的重要共犯結構。酒保的功用，就是當作一種社交的潤滑劑，在美好的氛圍下，幫你送一杯酒給你想要上的人；如果被對方拒絕了，還可以和酒保訴苦發牢騷。

如果酒保記得你的名字或你愛點的飲料，對你的釣人會是個加分。不過要警告一下：如果各地的酒保都知道你的名字，也都知道你愛點的酒，反而會給人一種酗酒的形象，看過《遠離賭城》（Leaving Las Vegas）裡尼可拉斯凱吉的那副德行吧？

如果一個很會調情的酒保，願意當你的跟班男女（wingman/wingwoman）幫你護航，你的行情會因此看漲，尤其是當他們願意讓你虧他們，以提高你的性愛優勢。通常來說，酒保幾乎不可能被把到，因為大家普遍都有酒保迷思（bartender boost），認為所有的人都想搞他，競爭實在太激烈了！

當然，如果你有辦法擊敗眾家對手，酒保倒是個電話炮友（booty call）的理想對象，不但有免費的酒喝，他們下班後，剛好就是你需要他「上工」的時候，而且，他們上下班的時間固定，不用特別再安排時間和他們約會。

參考：員工優惠（fringe benefits）

bartender boost
| 酒保迷思

大家對於吧台後面那個調酒的人，普遍存在的一種幻覺，以為他們都高大、性感、聰明、風趣、幽默，假如他們是在咖啡廳裡為你泡拿鐵的服務生，性感指數就要大打折扣了。「酒保迷思」也稱做「拉抬酒保身價」（raising the bartender/bartender's lift）。

參考：酒保（**bartender**）

baseball stats
| 棒球數據

有些運動男為了避免射精，特別是為了防止早洩，而在做愛途中想到的事情。你可以從一些蛛絲馬跡中發現這種現象，他會開始做一些心不在焉的動作，例如眼睛凝視著遠方、突然改變姿勢動作，或偷偷減緩抽送速度。他也有可能突然吐出一連串毫不相干的字母，例如：RBI、ERA。

註：**RBI**（**Runs Batted In**）為打點，**ERA**（**Earn Run Average**）為防禦率。

bases（first, second, third, home）
| 上壘（上一壘、上二壘、上三壘、全壘打）

這是一種老式的比喻，描述異性戀、一對一戀愛當中的各種進展狀況。會用到這種比喻的族群，通常都是急著長大的青春少年。「得分」（score）這個字眼，則是他們把運動用語，套用到把馬子上面。

在初期的把馬階段，上了「一壘」，表示兩人有舌吻；上「二壘」表示有摸到女生的乳房；如果上了「三壘」，代表兩個人已經寬衣解帶，裸裎相見；至於「全壘打」或「一路衝回本壘」，則代表兩個人已經性交了。

不過口交（oral sex），並沒有包含在這套公式內，因為這種親密行為，要保留在以後的交往中慢慢演練，「插入」還是排在前面。到了八、九〇年代，「口交」開始包含在「三壘」的定義內了。而現在，不得不感謝美國前總統柯林頓大言不慚地發表聲明，說口交「並不是性愛」，於是吸老二只算上到二壘。

在這個時期，「品玉」（cunnilingus，即為女生口交），仍然在戀愛棒球場上

➡

缺席。自信心還未建立完成的13歲少女可能會認為：「幫男生口交」可以讓自己更受歡迎；但是「被男生口交」卻會讓自己變成一個賤妹子（slut）。更何況，露出陰戶很難為情啊！

bear market
| 熊市

一種酒吧（bar）、派對或交誼場所，但是社交狀況卻讓人很不舒服。例如派對裡有個酒鬼、有個被甩掉的神經病前任情人、男女（或者同性戀／異性戀；多毛熊族／光滑無毛族）比例不平均、太多好哥兒們／好姊妹、太多穿不搭調運動衫的瘦男／穿Converse球鞋的女孩、太多噁心的情侶模仿伍迪艾倫的文藝腔、燈光氣氛太差，或者有人提議大家玩動作猜謎遊戲。

參考：牛市（bull market）

註：熊市與牛市與原本是股市用語，用來形容股票的漲跌，熊市代表下跌，牛市則代表行情看漲。

beard
| 鬍子

❶ 留鬍子的功用，就是為了讓大家知道你是個異性戀，然而事實上，你根本就是個比《人妖打排球》中的人妖還娘的娘炮。這種狀況在七、八〇年代比較盛行，但是在今天，會留「鬍子」的男人，都是些自我厭恨、不敢出櫃的同志、恐同症者，或是宗教狂熱份子；他們大都居住在紐約和加州之間的保守地區，不敢公開性取向。

❷ 一個假裝是你的情人，當你煙幕彈的好朋友，目的是幫你擋掉那些無聊的追求者。通常這只是藉口而已，好讓彼此有機會聚聚，關係更親近罷了（心機很重吧）！

beer goggles
| 茫到鬼遮眼

這種狀況是：在太多性愛酒精（booze）的催化下，高估了一個人的性感指數。通常在大學的時候最容易發生……拜託，誠實一點吧，你在二十、三十多歲單身的時候，照樣會發生這種蠢事。

用比較仁慈的說法，你是因為酒精作崇，誤把烏鴉當成天鵝，這個藉口很不錯。但是，你別忘了在場的好友們，都拿著照相手機把你不堪的犯罪事實全部搜證下來。

參考：女狼俱樂部（**coyote ugly**）、史上最後選擇（**last wo/man on earth**）、最後一輪（**last call**）

benched
| 坐板凳

想玩一夜情的人，把你當成候補人選，因為他正在思考：a）是不是該考慮和另一個人搞；b）你夠不夠優質，值不值得他在你身上花功夫。又稱：「候補」（on hold）。

參考：擇日再幹（**rain check**）

between boyfriends/ between girlfriends
| 感情過渡期

這是一種委婉的說法，表示某個人可悲的單身生活。用這個字眼的目的，經常是為了排遣單身的寂寞，但是通常都不成功。例句：I'm between boyfriends now.（我現在正在男友過渡期），這句話表示，他是「自己選擇」要單身的。聽好了，是「自己選擇」的喔。

這個詞的出現時機，通常在家庭聚會或同學會。特別是當一個單身的人，身邊老是充滿了好奇、愛打探、驕傲，或者很想當紅娘的親友時，如果他被這些人弄到筋疲力盡的時候，而說出這句話，那就相信他吧。

他只是沒有時間、沒有情緒空間、沒有那種興致跟另外一人互許承諾，也不想為了另一個人，天天換內褲穿。反正，他現在就是不想談戀愛，如此而已。

bi-curious
| 好奇的雙性戀

每個女孩求學階段都會經歷過的性取向，至少在舞池上和別的女孩跳舞的時候會有所感覺。這樣的狀況和畢業前的女同性戀（LUGs，lesbians until graduation）不一樣，這些嘗試雙性戀的女孩，是因為在酒吧裡受到男生的慫恿，於是在很稀有的狀況下，讓這些原本對同性不感興趣的人，在男同志的帶領下，開發自己對同性的好奇心，純粹

➡

是為了好玩而已；有時寫詩的異性戀男人，也會來這一套。

參考：三十歲前的好奇雙性戀（**BUT**，**bi-curious until thirty**）、只玩親親的美眉（**kissing bandit**）

binge fucking
| 幹到飽

把一夜情當成正餐大吃大喝。幹到飽，通常都發生在一個你很不喜歡的事件之前，例如：漫長的家庭聚會、到一個很無趣的外地出差、做整容手術、進醫學院等等。

如果你正在準備甩人之前幹這種事，是因為你不知道下次要等到什麼時候才會有做愛的機會，我們只能說你真是個大混蛋！

又稱：肉慾橫流（carnal loading）或大清倉（storing nuts）。

[blank] dick
| 〔填空〕屌

因為某種〔請自行填寫〕的原因，導致無法勃起的狀況。例如：啤酒屌、威士忌屌、可樂屌或嗑藥屌。

莎士比亞悲劇《馬克白》中的守門人說得好：「它會挑起淫慾，可是喝醉了酒的人，幹起這種事情來是一點也不中用的；造成它，又破壞它，鼓慫它，又撤退它；勸導它，又打擊它；使它堅持，又不能堅持；結果，言語支吾的把它弄睡了，向它罵了一聲荒謬，就離開它了。」

這個時候，你就需要威而剛了。很多玩電音舞會的小子，把這顆藍色小藥丸和週末的助興藥物，調成雞尾酒使用。現代科技真是神奇啊！

blogging
| 部落格

二十一世紀的新現象，每個人都可以用寬頻上網，在個人網頁上發表自我耽溺的生活記錄，做為一種即時精神治療。部落格的文章中有很多現象，例如：一大堆錯字、性愛瑣事、連結到別的部落格、罵前男友前女友、罵天氣、對新仰慕的人叨絮不休的話語、「我的相簿」、對部落格來訪者嗆聲、連結到「搞笑短片」網站、名人裸照、更多性愛瑣事、昨晚約會的細節描述、明星素顏照、「我新刺青的照片」、踩葡萄的白癡、「更多我的照片」……

blue balls
| 藍球

這是一個很沒有說服力的藉口，被異性戀男孩用來對女生施壓，要求女孩和他們做愛的理由。是啊！老二很漲，確實很難受，但那又怎樣？不會回家打手槍嗎？

譯註：美國文化中的年輕男子，會聲稱自己的睪丸因為很久沒做愛而充血過度，精囊腫脹，變成藍色的球。

body count
| 炮友計算

上過床的總人數。
參考：基本資料（stats）、鑽漏洞（loopholing）

body-fluid monogamy
| 體液一對一

只和某一個人從事不安全性愛，即「共享體液」；但是和其他人做愛的時候，都是採取安全性行為，或者體外性交（outercourse）。這在多重性關係（polyamory）族群中比較盛行。

如果一個開放性關係中，有兩個性對象，他對這兩個人有共享體液，但是對其他人都採取安全性愛的話，這種情況就叫做「共擔風險」（pooling risks）。

Bond, James Bond
| 龐德，詹姆士龐德

❶ 魅力無窮的英國間諜，在沒完沒了的系列電影中，執行許多不可能的任務；同時，他也經常有機會和許多女人做愛。如果這個人活在現實生活中，可能早就染上性病（STD），或者老二快爛了。

❷ 和很多女人上床的英國男人。又稱007。

bondage
| 綁縛

在性愛過程中，用絲巾、尼龍繩等任何物品，控制對方的行為。要注意的是，絕對不要和一夜情（one night stand）對象，或神經質的前任男女朋友玩這種遊戲，當然，更不能跟電鋸殺人狂玩。還有，在玩的時候，不要直視太陽、不要玩剪刀，也不要把老二亂刺亂塞，萬一堵住就不好玩了。

參考：手銬（handcuffs）

booty
| 屁屁、戰利品

❶ 就是屁屁。生理學的用法，例句：Shake your booty!（搖你的屁屁啊！）；性愛方面的用法，表示任何一個有可能被把到的人或炮友，例句：Getting some booty tonight.（今晚搞個屁屁來玩吧！）

❷ 搶來的戰利品。

booty break
| 休戰期

❶ 暫時的獨身時期。

❷ 暫緩你和某人講電話或見面的頻率，而把關係導向電話炮友（booty call）的領域，並避免兩個人正式交往（dating）。

booty budge
| 炮友預算

「booty budget」的簡寫。這是一筆你在美麗的星期天約會中，並沒有花到的錢，卻在你把人的過程中，神秘地消失掉了。雖然你也想過該投資理財，卻把

錢浪費在買酒、吃晚餐、買新衣服，因為你只活在自己的世界，壓根沒想到要經營一段長久的戀情。

參考：性愛稅（**booty tax**）

booty bump
| 嗑到茫

一種藥物影響，通常是危險性行為的開場，像是把冰毒（crystal meth）塞入肛門，讓做愛更high，或不吃不睡四天之後，和陌生人進行不帶套的性愛。對！會得愛滋（HIV）！

booty buzz
| 性放縱

❶ 和他人發生一夜情（one night stand）所發展出來的一種放蕩行為。你會變得特別敢玩，或願意嘗試新花招，換言之，就是「撩落去了」。起因可能是你的本月主打（flavor of the month）對你失去了性期待（sexpectation），不想再跟你見面了。

❷ 藉由酒精或藥物，所得到的解放感，讓你變得百無禁忌。這種感覺

也可能來自腎上腺素的分泌，例如坐雲霄飛車或高空跳傘。

❸ 漫長的性愛枯竭期之後，重拾做愛機會時的那種興奮之感。（這段枯竭期可能長達幾年，也可能是兩天，因人而異。）又稱：釣人之high（hookup high）。

booty call
| 炮友電話、電話炮友

❶ 晚上十一點之後打電話或傳簡訊（text message）給某個你今晚想搞的對象。通常是因為你沒有其他更好的人選，或已經喝茫了，於是很自然地打了炮友電話給炮友（fuck buddy）或性益友（friend with benefits）。

你也可能打這通電話給一個希望能發展進一步關係的人。比方說，你和對方已經約會過四次，上床過一次，而且你們下禮拜一還會再見面，但是星期六晚上，卻已經等不及了（也慾望高漲），於是，你發了訊息給他，並期待對方也和你一樣迫不及待。

❷ 沒有預警的個人要求，只為了找個炮友來搞。例如：半夜三點鐘，你

B

➡

23

B

灰頭土臉地出現在某人的家門口，語氣含糊地說：「我剛好在這附近……」或者，你故意繞路經過酒吧（bar），希望能夠碰到你現在願意跟他上床的人。又稱：開車找搞頭（booty drive-by）

❸ 你的性益友或炮友，或者某個你並不是很喜歡，卻可以來場一夜情的對象。

booty tax
| 性愛稅

一夜情的潛在支出，包括金錢及其他方面的損失（花費）：a）花在喝酒、晚餐、買衣服上面的錢，見炮友預算（booty budge）；b）無法挽回的財產損失，如耳環、手機、內褲等，以及出來混的必要開銷，像買手機、內褲、保險套等；c）星期天晚上的憂鬱；d）星期二早晨的宿醉；e）染上性病（STD）的危險性；f）永恆的恐懼，擔心自己會一輩子找不到真命天子，然後孤獨地死去，身邊只有十五隻貓咪陪著你。

bootylicious
| 身體美味

❶ 充滿性魅力，即：絕對可以上（doable）。

❷ 擁有性感且曲線優美的臀部。

❸ 「天命真女」（Destiny's Child）的一首歌名，歌詞是這樣：「我不認為你準備好了／我不認為你準備好了／因為對你來說，我的身體太美味了。」

booze
| 性愛酒精

發展一夜情過程中的助興品。就像美食要配美酒，針對各種場合想把的人，都有適合的酒來搭配。

例如：紅酒適合浪漫的做愛；威士忌加冰塊，適合在外出差時打炮；插一把小傘的海灘飲料，適合熱帶假期的性愛；馬丁尼高腳杯內的飲料，則適合約好見面的高級伴遊，特別是和炮友的正式約會。

海尼根啤酒，適合在高中校園後面樹叢中失去貞操的性愛；藍帶啤酒（PBR），適合紐約東村酒吧時髦人士的性愛；Jack Daniel威士忌，是搖

滾樂手的性愛飲料。至於Jaeger酒，則用在約會強暴。

bounce
｜ 長期固炮、落跑

❶ 長期合作的電話炮友（booty call），這種炮友，可能在你有長久關係（LTR）的過程中曾經暫時打住，但是六個月、九個月、甚至超過十八個月之後，又再度復活。

例句：S/he's got bounce.（他／她有個長期固炮）。

參考：擇日再幹（rain check）、坐板凳（benched）

❷ 第二種定義，是今天青少年的流行用語（但本書可不背書），比方說：你帶一個正在交往（dating）的人去參加舞會，而你正準備要甩掉他。

例句：Why don't you just bounce?（你為什麼不落跑？）拜託！這種說法實在是太青少年了！

boyfriend material
｜ 優質男友

理想男人應該擁有的特質：生活穩定、事業成功、有幽默感、銀行存款豐厚（萬一交往對象是個虛榮的婊子）。這些條件讓他值得你託付終身。

如果這正是女孩鎖定的對象，她就會盡量拖延答應他上床的日期，故意吊他胃口。

參考：優質女友（girlfriend material）

boy toy
｜ 男孩玩具

❶ 這個字眼的意思是指剽悍、厚顏、豪放、支配慾強的女性。這是男人都想要玩的女人，通常來說，也都玩得到手。這個詞也出現在瑪丹娜著名的黃皮帶扣環上。

❷ 第一種定義的反義，意思是指一個以肉體為賣點的男伴。這樣的男孩，年紀幼齒到難以啟齒，可能還帶著歐洲口音。換句話說，這是一種讓人改頭換面的新招數：身邊帶著小狼犬，感覺自己也變年輕了。又稱玩具男孩（toy boy）或臂彎花

➡

瓶（arm candy）。第一種和第二種定義，都帶著女性主義色彩。

❸ 年輕又可口的男同志，穿著超短熱褲，裸著上半身。這種男孩的模樣，就像小甜甜布蘭妮後面的伴舞，或者，他很想當小甜甜布蘭妮後面的伴舞。

bread-crumb trail
| 麵包屑線索

藉由尚未刪除的簡訊、手機的通話記錄、數位相機裡的照片、發票上隨手寫下的隻字片語、口袋裡的火柴盒，或任何一件物品，讓你回想起，為何你大清早剛起床，旁邊會躺著一個流口水的陌生人。

breakup sex
| 分手性愛

情人決定分手之後，隨即發生的性愛。如果你是甩人的那一方，你會陶醉在這場性愛中，因為短時間內，你們不大可能再這樣子做愛。（更何況，你在甩了對方，傷了人家的心後，如果還不念舊情地拒絕對方的要求，實在說不過

去。）

如果你是被甩的人，更是要在這場性愛中使出渾身解數，熱烈地配合，好讓你的前男／女友後悔，讓他們知道，把你甩掉是個錯誤的決定。又稱：上路前的一發（one for the road）。

參考：慰安性愛（comfort sex）、傷痛治療（grief therapy）、憐憫性愛（mercy fuck）

brunch
| 愛愛後的早午餐

這是和新的一夜情對象做完愛之後的第二天上午，所展開的一場小小測試。

假如兩人會找個舒適的餐廳共進午餐，那就表示有機會變成交往關係；如果做愛之後會一起共享咖啡，或者吃片土司，通常表示至少在未來的幾個星期或幾週之內，兩人會變成電話炮友，再續前緣；如果對方沒有留下來吃早午餐，只是拂袖而去，你或許再也見不到他了。

當然，這種測試的準確度，就像用早餐的煎蛋算命，不一定會準。

不過如果兩人天還亮亮就開始一起吃煎餅，表示你們倆前一天晚上都茫到鬼遮眼（beer goggles）；也有可能是你們

都還沒有酒醒，誤把對方當成性感尤物。

brunch story
| 早午餐八卦

昨夜淫亂的性愛遭遇，實在太多汁，應淋在煎餅煮蛋上，和好朋友一起分享。但是故事內容實在太荒唐，所以，還是別和朋友吃這頓早餐講八卦吧！留在床上和你的新炮友一起玩週日報紙上的填字遊戲，不是更好嗎？

Buffett, Jimmy
| 吉米·巴費

美國的作曲家、歌手，他創作了一首一夜情的國歌〈何不醉酒狂幹〉（Why Don't We Get Drunk and Screw），這首歌在佛羅里達的酒吧（bar）大受歡迎，春假期間全天播放。

吉米·巴費的這首歌，也影響了之後眾多一夜情的經典名曲，例如Ice T的〈讓我們脫了褲子幹吧〉（Let's Get Butt Naked and Fuck），Nelly的〈這裡真火熱〉（Hot In Here），Kelis的〈奶昔〉（Milkshake），以及所有九

〇年代中期的歌曲（鄉村民謠除外）。至於胡立歐（安立奎的老爸）和威利·尼爾遜描寫到處釣馬子的二重唱〈給我愛過的女孩們〉（To All the Girls I've Loved Before），抱歉，不要害我們吐在手提包（handbag）裡面！

bull market
| 牛市

一種酒吧（bar）、派對或者交誼場所，而且氣氛非常適合釣人。例如，有開放式酒吧、有天井可以享受春光、男女（或者同性戀／異性戀、多毛熊族／光滑無毛族）比例很平均、穿著戲謔文字運動衫的瘦男與穿Converse球鞋的女孩，也不多不少，燈光美氣氛佳，還

有人鼓譟要玩轉啤酒瓶的刺激遊戲。

參考：熊市（**bear market**）

business card
| 名片

皮夾般大小的卡片，上面有姓名、電話號碼、公司地址等等。這張卡片會遞給可能有生意上往來的人，或性愛上往來的人，以便做進一步的接觸。（懂了嗎？接觸！）

有時候，當一個新搞上的人大清早六點鐘匆匆從床上離去時，他可能會留一張名片在你的床頭櫃上，在名片的背面，會潦草地寫些自己也不相信的鬼話，例如：「你昨晚很棒！」或「對不起，害你的貓整晚被關在外面。」

參考：便利貼（**Post-it note**）

BUT
（**bi-curious until thirty**）
| 三十歲前的好奇雙性戀

一種大學後期的生活方式，通常在情有可原的狀況下發生。例如：環境、職業或嗜好，都會延長好奇的雙性戀（bi-curious）的時間。

環境的影響，包括都會區的時尚社區，例如：紐約東村、布魯克林區的威廉斯堡（Williamsburg）、蛋糕派對（CAKE parties）、奧斯汀南西南音樂電影藝術節（South by Southwest），以及舊金山全區。

而職業的影響包括：餓肚子的藝術家、音樂家、本業是酒保（bartender）的臨時演員。

由嗜好而導致的好奇的雙性戀則有：玩電音、吸古柯鹼，以及詩歌朗誦。又稱：派對雙性戀（party bisexual）。

喬·西摩

白天是會計師
晚上是性愛機器

oralskills@hotmail.com
（555）CALL-ME

buyer's remorse
買家的懊悔

❶ 一夜情之後清醒過來時，發現自己
並不喜歡枕邊的那個人。

參考：女狼俱樂部（**coyote ugly**）

❷ 十年婚姻生活之後，一早醒來，才
發現自己並不喜歡枕邊的那個人。

參考：免費牛奶（**free milk**）

B

cable TV
| 有線電視

可以看演員們毫無後顧之憂地享受一夜情的地方。但是，有線電視也和真實人生一樣，你必須付出，要不然就要付費。

cad
| 無賴男

❶ 不講道理、卑鄙可恥、欠罵的男人。這種男人，會趁你熟睡時偷拍你的裸照，然後po上網路（Internet）給大家看；不然就是跟你分手，然後跟你媽媽交往（dating）；或者他會說他愛你，只是希望你可以讓他不帶套做愛。不過，你知道的，這種男人簡直無法抗拒，因為他們都性感到不行。
參考：混蛋（assholes）

❷ 瑞克·馬林（Rick Marin），《無賴：一個危險單身漢的自白》（Cad: Confessions of a Toxic Bachelor）一書的作者。他在書中的作者照片，和書的內容似乎不大一致。女士們！妳們是怎麼回事啊？

cadette
| 無賴女

女性版本的無賴男（cad）。現在的女性有平等權利（雖然女人的薪資只有男性的四分之三），有地位（雖然只有五百家公司有女性總裁），她們性愛自主（雖然強暴和家暴仍然非常普遍），她們自我獨立（雖然很多女性仍然必須「優雅地順從丈夫」）。
今日的女性，仗著這些權力大口喝酒，像個無賴男那樣瘋狂做愛：她們自私、不負責任、不體貼，也不安好心。這種女人唯一的範本，卻只出現在電影《桃色機密》（Disclosure）中的黛咪·摩兒身上，她在片中飾演一個大公司內的無賴女。

CAKE parties
| 蛋糕派對

以「性姿勢」和「女性中心」為主題的跳舞派對，盛行於紐約和倫敦。派對上會出現大腿舞、內衣秀，以及深具時尚感的色情表演。肯定是你見識過最具規模的性約會（sesh）（小心得口腔皰疹〔herpes〕喔）！
參加蛋糕派對的會員都是女性，男人

C

31

必須受到邀請才能進入。現場的攝影藝廊,會掛著充滿自信的女性寫真,各種身材、種族、身分都有,而且她們都很享受自己沒穿衣服的樣子,好讓男人看得目瞪口呆。

請參觀www.cakenyc.com網站。

caller ID
| 來電顯示

這是一個少了它你就活不下去的現代科技,就像TiVo智慧型電視節目錄放影機(TiVo)和乳頭夾一樣重要。這個功能是大玩家(playa)的寶貝,在玩到沒空接電話的時候,它可以留下來電記錄,讓你事後再回電;也可以把一些你不想接的電話,踢到語音信箱,例如:對你死纏爛打的人、不爽的前男/女友、老闆,以及你老媽。

canoodling
| 卿卿我我

兩人親親熱熱、摟摟抱抱的樣子。如果你名氣夠大,就會用到這個字登上報紙的八卦版。例句:聽說……那個有嗑藥問題的女明星,昨天晚上在夜店跟一個

最近相當轟動的十點檔電視劇演員,被拍到兩個人在卿卿我我呢!

casual sex
| 逢場做愛

任何一種不在交往(dating)或長久關係之下所發生的性愛。當事人雙方也沒有繼續交往或發展長久關係(LTR)的打算。

參考:隨便玩玩(game playing)、娛樂性愛(rec sex)、單向逢場做愛(unilateral casual sex)

catalyst
| 催化劑

某件事(或某個人)開啟或加速了兩個人之間的進展,例如:露出乳溝的領口、隆起的褲襠、多事的媒婆姑媽、性愛酒精(booze)、生蠔(提供心理安慰的東西也算)、鹹濕的電子郵件、高級餐廳的晚餐、性感的按摩、耳畔的輕聲細語、真誠的讚美、一見鍾情、正點的色情素材……。

cereal aisle
| 麥片區

在超級市場內評估一個好看陌生人個性的最佳地點。如果這位帥哥買的是佳樂氏蘋果麥片（Apple Jacks），他可能是單身，而且有點不成熟；如果他買的是高纖瘦身香脆果麥（Kashi Go Lean Crunch），他可能已經死會了。

如果是女人買佳樂氏蘋果麥片，她可能早餐會吃三大包，而且她的交往對象，還得經過她的小捲毛狗同意才行呢！

參考：冷凍食品區（frozen food aisle）

cereal sex
| 麥片性愛

在沒有性愛或戀愛的枯竭期內，隨機發生的一夜情（one night stand）。這種性愛的過程非常美妙，但是卻吃不飽。一個小時之後，你會比「吃」這道菜之前更加性飢渴。

cheerleader
| 啦啦隊長

❶ 雜交（orgy）時過度熱心的旁觀者。這種人會在人家做到一半的時候突然說：「射得好！」或者「屁股抬高一點啊！」

❷ 跟班男（wingman）或跟班女（wingwoman）。

❸ 玩性愛角色扮演時所穿的正點服裝行頭。

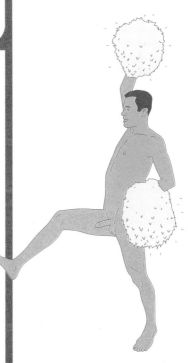

classifieds
▌ 徵友廣告（過時用語）

一種鉛字印刷的小塊個人廣告。老一輩的人會在地方報紙或雜誌的最後幾頁，刊登這種廉價小廣告，目的是為了尋找知心伴侶，或找人一起玩屁眼。為了節省字數，會用到各種字母的縮寫，例如：SWF（Single White Female，單身白人女性）、ISO（in search of，找尋），或者NSBMWHSSAHC（nonsmoking black man with Hamptons share, stinky socks, and huge cock，即不抽煙的黑種人，自住，有臭腳丫和一根大老二），這樣說你該懂了吧！徵友廣告的風評似乎有點不夠正派，好像那些內心寂寞或被社會拋棄的人才會來這裡徵友。

網路（Internet）出現後，懂電腦又性慾高漲的年輕世代，紛紛上網尋找靈魂伴侶，很讚吧！（表示網路徵友已經變成主流，而且馬上就會變得很不酷了。）

想想看，現在還是有少數人，仍然繼續在刊登過時、沒有創意、超瞎的印刷廣告。恐怖喔！

clichés
▌ 陳腔濫調

在逢場做愛（casual sex）的協調過程中，幾乎要絕跡的老梗，除非這些話是故意講來諷刺用的。

例句：What's your sign?（你是什麼星座的？）；Your place, or mine?（去你家或我家？）；Would you like to come in for a nightcap?（要不要進來喝一杯？）；Was it good for you?（這樣夠好嗎？）；When will I see you again?（何時能再見到你？）。真是噁心到要吐！

參考：釣人用語（pickup lines）

closing the deal
▌ 搞定

❶ 把一段關係搞定的過程，但是你的重點在「搞上床」，而不是搞「關係」。搞定之後，通常會有一種微微的失落感，然後開始沮喪地瀏覽手機的電話簿，最後終於決定上交友網站，註冊另一個新帳號。

❷ 兩個人象徵性的握手，通常都是在最後一輪（last call）時達成共識，確定彼此在不久的將來會上床。

closure
| 畫下句點

和你的前男友或前女友做愛，以證明自己（或許也包括你的前男／女朋友）終於可以從過去中解脫了。

成功的話就太好了，而且，還搞到了哩！如果失敗了，就會變成可悲的回頭性愛（take-me-back sex）。不過，好歹也是搞到了啊！

cock block
| 擋屌

不讓男人得分（score）的行動。這個行動可以由他的「肖想對象」（the object of affection，簡稱OOA）親自執行，隨便提出爛藉口，例如：「我明天要早起」或者「我的貓咪在想我」；也可以由「肖想對象」的朋友來做，她可以把這個女生強行拖去跳舞。

有時男方的「朋友」也可能執行這項任務，不管是有意還是無意，例如故意問男方：「你還在跟那個女的約會嗎？」或者舊事重提，把他以前脫光衣服打手槍被媽媽抓到的糗事拿出來講。

情場敵手也可以出面擋屌，他可以陷害對方離席去結帳，然後趁他刷卡時趕緊補位。

coffee
| 咖啡

C

❶ 在盲目約會過程中，最完美的東西，如果：a）你剛從煙毒勒戒所出來；b）擔心酒醉而做出讓你後悔的事。

參考：女狼俱樂部（**coyote ugly**）

❷ 如果你的約會對象，下午突然邀你去「喝個咖啡」，但是你想起「他不大喝咖啡啊！」這時候你就要有心理準備，他可能想跟你談分手了。

collectible
| 性愛收藏

某些你很想跟他們上床做愛的人，因為他們符合了某些特質。常用的說法是「死掉之前想來一發的話……」，譬如：在我死掉之前，我一定要跟名模上床，或者是跟我以前的小學老師、以前的保母、性感辣媽（MILF）、猛男、卡車司機、政治家、和我不同種族的人、保守黨員、一隻羊……。

或是：「昨晚我的預設名單（default list）又增加了一個名人。」這個詞的靈感來自一部偶像電影《昨夜情深》

（Last Night）中的一個角色，他在廚房的牆壁上，用潦草的字跡列了一份他想上的性對象名單。

參考：為科學獻身（**doing it for science**）、性嘗試（**try-sexual**）

comfort cock
| 慰安屌

有些人會對自己的枕頭或玩偶有依戀情結，這是同樣的心理。例如：你喜歡握著對方的老二睡覺，或者你半夜醒來的時候，發現自己的手正握住他的老二。享受慰安屌的陪伴並沒有什麼不對，總好過床上擺了一堆玩偶。

然而，慰安屌的主人會滿腹疑問，對你的過分黏膩，也會驚慌失措。尤其是第一次約會，你就在電影院裡握住他的老二享受溫情，他一定會嚇死。

參考：慰安性愛（**comfort sex**）

comfort sex
| 慰安性愛

這種性愛的關係，有如通心麵之於起司，彼此水乳交融，相輔相成。例如：上班受了一肚子氣之後的性愛、痛苦分

手之後的性愛、寵物死去之後的性愛，或者任何一個你很想從身體和靈魂的接觸中得到安慰的性愛。

這種性愛進行得非常緩慢而細緻，通常都是用「傳教士體位」，兩人面對面深情相望，背景音樂可能會播放拉赫曼尼諾夫的大提琴奏鳴曲。又稱：振作起來（pick-me-up）。

參考：慰安屌（comfort cock）、傷痛治療（grief therapy）、哀傷期（mourning period）

commitment
| 承諾

精神上、心智上、肉體上，和另外一個人結合在一起的狀態，以及……ZZZZZZZ……對不起，我睡著了！剛剛說到哪兒了？

commitment-phobe
| 承諾恐懼

❶ 男人。

❷ 害怕承諾（commitment）的人。這種人害怕安定、親密關係、一對一的關係（momogamy）、「有牽絆」的關係、承擔責任，以及任何一種妨礙他自由做愛的事物。這種行為和高裘馬克斯症候群（Gaucho Marx Syndrome）有著相對應關係。

❸ 我的前男／女朋友（ex），可恨的賤人，你知道自己是什麼料！

common-law relationship
| 實質關係

你和你的性伴侶，發現你們之間的電話炮友（booty call）／逢場做愛／交往（dating）的協定關係，竟然超過了預期的期限還維持得好好的。你們彼此並沒有談過要把對方當作唯一的伴侶；可能也有好幾個月的時間，沒有在白天或清醒的時候「一起出來混」；你們也可能只是把對方當成洩慾的工具。但是……雖然你不是故意要變成那種關係，並不表示你們就不是那樣的關係啊！

condoms
| 保險套

這是一種防護用品，每次進行逢場做愛（casual sex）都必須正確使用。它是用在老二上的，但你卻在激情時刻故意忽視它，因為你受到酒精、藥物，或者慾望影響，喪失了判斷力，因為你討厭保險套的感覺，因為你討厭保險套的味道，因為你討厭美妙的氣氛突然被中斷，也或許因為你的新性愛伴侶，看起來是個善良、乾淨、負責的人。

然後，當你的醫生告訴你，你的老二上長了疣，你強忍著淚水離開了醫院，面對冰冷的世界，孤獨地搭捷運回家。你覺得自己是個有污點的人，覺得自己真是羞恥，你不要再做愛了，也沒有人會愛你，因為你不值得人愛。你發誓停機六個月，每到週末就一個人在家看一整天的電視。

直到有一天你才了解，超過75%的性愛活躍份子，都曾經暴露在HPV（human papillomavirus，人類乳突病毒）的感染危險當中，但是只要定期上醫院檢查和健康的生活，就可以得到控制。而使用保險套，更可以有效地降低感染機率。從此以後，你每次的一夜情，都會正確使用保險套（也會先告訴你的性伴侶，關於HPV的危險性）。

唉！早知如此，何必當初，為什麼不早點聽我們的話呢？真是的！

conquest
| 征服

別要求我們為這個字下定義，我們不想助長這個字眼的身價。

參考：搞定（**closing the deal**）、羅傑道傑（**roger dodger**）

contraception
| 避孕

生育控制，包括使用保險套、避孕藥、避孕貼片、子宮帽、子宮頸帽、男性結紮、女性結紮、很鳥的釣人用語（pickup lines）、聲控燈光系統，以及新世紀宗教音樂。

coyote ugly
| 女狼俱樂部

❶ 這是一個很恐怖的狀況：爛醉後的第二天早晨，發現身旁躺著的人是隻大恐龍，你恨不得把自己抱著他

的手剎掉，也不想把他驚醒，以便
順利逃走。

參考：茫到鬼遮眼（beer goggles）、買
家的懊悔（buyer's remorse）

❷ 曼哈頓一家很爛的酒吧。啤酒都是
罐裝，烈酒都只有一小杯，點唱機
裡只會播放芭樂歌，裡面的客人都
一副醉死的蠢樣，他們站在吧台上
跳舞，然後跟陌生人回家，隔天早
晨醒過來的時候，對方會因為看到
他的尊容，嚇得拔腿就跑。

❸ 一部和這家爛酒吧有關的爛電影。

Craigslist
克雷哥表單

一個非商業的網路社群，有討論區、分
類廣告和徵友廣告。這是一位叫做克雷
哥（Craig）的人，1995年在舊金山創
立的網站，然後迅速從加州蔓延。今
天，全球各大主要城市都有克雷哥表單
的分部，從波士頓、奧克蘭到台北，克
雷哥無所不在。

這個社群最有趣的部分，絕對是炮友
版，版上有一大堆非常可愛逗趣的留
言，例如：「變性人尋找大屌男」
或者「異性戀男人想看屌洞（glory
hole）」，以及「24歲美豔女王尋找希
望被羞辱、被詛咒、被鞭打的奴隸」、
「口技超強男子，有兩片絲絨妙唇，等
著你來享用」、「飢渴的吸屌嘴，尋找
純1」。還有一個「可愛、愚蠢、性感
的西裝男」問道：「有沒有人想一起抽
大麻，玩親親？」喔！還有這個更勁
爆：「公共廁所男人屄等你來用」。

不論你對午後的匿名性愛有沒有興趣，
克雷哥表單絕對會提供你好幾個小時的
高品質的內容，讓你打發時間，帶給你
一些心癢癢的快感，提供你一點另類性
慾的觀察。

還有，在這個社群裡，你也可以找到不
錯的古董燈，裝飾你的公寓喔！

cruising
| 巡人

❶ 在一個沒人嘲笑的環境中進行釣人行動，例如：五〇年代的愛達荷州、洛杉磯的日落大道、邁阿密海灘，或者任何一個充滿假日人潮的地方。

❷ 男同志性愛用語。幾十年前，這個字眼表示：找到了一個性感的目標之後，跟他四目相接，然後一路跟蹤他，走過五十條馬路。但是在今日，你只需要花幾分鐘時間，上克雷哥表單網站（Craigslist.com）、成人交友網站（AdultFriendFinder. com）或者m4m4sex.com，訂免費的外帶性愛，一個小時之內，就會送到你家門口了。

參考：愛滋病毒（HIV）、家庭遊戲（home game）、性病倦怠（STD ennui）

cuckold
| 戴綠帽

這是一個相當復古的字眼，泛指老婆不安分的男人。他們對妻子叛逆行為的不爽程度，更甚於妻子的不忠。因此他們比較不會對妻子說：「妳竟敢傷了我的心！」而是說：「妳竟敢不尊敬我，不把我當男人看！」

cuddle party
| 抱抱派對

❶ 在一個不分性別、無關價值判斷的空間內，和一群穿睡衣的陌生人，一起探索愛撫、親密和激情的世界。這種派對和雜交（orgy）很類似，只不過沒有藥物助興，也沒有人在狂抽猛送。這項活動的創始人是雷德·米哈可（REiD Mihalko，他的名字就是這麼拼，我們可沒亂開玩笑喔）和瑪莎·巴辛斯基（Marcia Baczynski），這兩位性愛人際關係專家。

他們的理論指出：一般人在上國中之前，就已經懂得享受激情，但是被男女朋友或醫生以外的人撫摸，卻突然變得很不酷。沒錯，這套玩意就是新世紀的把戲，在玩的時候，還要配上世界音樂才行。

這些人還不忘記顯示出幽默感，他們的「抱抱派對第一條規定：不可以乾磨蹭（dry humping）！抱抱派對第二條規定：不可以乾磨

蹭！」（拜託！這種笑話早就不好笑了。）

還有，不要小看擁抱的力量，只要頭髮被人誠懇地撥動了一下下，你就會激動到淚流滿面，希望重回母親溫暖安全的懷抱呢！欲知詳情，請參考Cuddleparty.com網站。

② 一對在調情的初戀情侶，但是兩人卻衣著整齊，因為其中之一堅持不肯做；或者，兩個人都醉到什麼事也幹不成。

cybersex
▌網路性愛

C

網路性愛就和電話性愛一樣，只不過是透過網路（Internet）傳輸性愛。記得在九○年代中期的時候，每個人和他們的母親（好吧！或許他們的母親沒有）都曾經用一隻手打字（另一隻手在幹嘛？），在網路聊天室認識朋友，宣洩擋不住的慾火，例如：「妳讓我硬梆梆，我要射在妳的咪咪上！」寫得出這種蠢東西的人種肯定沒有人要！

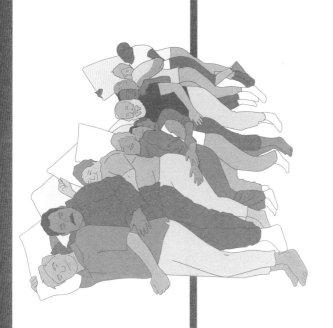

Daily Show factor, the
「天天秀」指標

在TiVo智慧型電視節目錄放影機還沒有發明之前，《天天秀》（Daily Show）是一個釣人的指標：到底值不值得為了和這個人搞一夜情，而放棄收看晚上的《天天秀》？看這個節目，讓人覺得世界變得更有秩序，更加合理，簡直是太神奇了！所以有時候，為了晚上看《天天秀》而放棄打炮，畢竟還是值得的。

dancing
跳舞

❶ 隨著音樂搖擺旋轉的動作，可以在公共舞廳、結婚典禮上進行，也可以在臥室鏡子前面只穿條內褲跳舞。一個人的舞姿，通常也可以當作床上功夫的指標，不過也有例外啦！例如，那些毫無節奏感的人，可能都是口交高手；而那些在舞池裡，突然跑到人家後面，前後猛搖屁股的人，通常老二都很小。

❷ 在舞廳的淑女之夜（ladies' night）或在準新娘派對（bachelorette party），拿著手提包（handbag）圍成一圈的女人。

D

date
┃ 約會

一種古老的配對儀式，男生會問女生想不想「找時間一起出去」。如果這個要求得到了肯定的回答，男生就會開車到女生家裡接她，時間大約在晚上七點鐘吧！然後，兩個人會去餐館吃飯，去打保齡球，或者去看汽車電影。

通常都是男生付錢，表示他有資格把舌頭伸進女生的嘴裡，或者摸她的咪咪。如果雙方都互有好感，他們會繼續進行更多次的約會，直到有一天，男生把他學校球隊的夾克送給了女生。這時候，兩個人就開始穩定交往（going steady）了。

或者，男生會給女生一個定情戒指，表示他們倆已經……呃……定情了。不管是以上哪一種狀況，即刻起，男生如果要親女生或摸她的咪咪，都不用再付錢了！

之後，約會這種行為漸漸地被釣人（hooking up）所取代。釣人是一種曖昧而難以歸類的行為，一種愛情和性慾的互動，對於性愛關係的定義、規範、期待以及傳統性別刻板印象，都是很大的顛覆和挑戰。

約會行為本來都已經被認為絕種了，但是由於網路交友（online personals）的崛起，又再捲土重來。網路交友的模式通常為：兩個人（有時候會更多人）約好在某個時間見面，然後決定彼此是否適合。

在這種新的遊戲規則中，性別角色也更加多元：男生可以和男生「約會」，女生可以和女生「約會」，一對伴侶也可以和其他的男女「約會」，女生也可以主動提出「約會」的要求，雙方都可以負擔所謂「約會」中的花費，而且，女生也可以摸約會對象的咪咪。

dating
┃ 交往

這種行為不只是上床而已，但是也還沒有到把對方帶回家見父母的地步。人們曾經以為，「交往」就是你還沒有把你混蛋（assholes）的那一面表現出來，不過，這只是八○年代的說法。

也有些人認為，「交往」這個字眼，意味著只和一個人交往，但是除非對方明說：Let's be exclusive.（我們單獨交往吧），否則，這種事永遠沒個準的。畢竟，大家都是明眼人啊！

D

deal breaker
| 約會地雷

任何一種妨礙一夜情、感情關係、盲目約會⋯⋯讓你裹足不前的事物。例如：對方有口臭、還和媽媽住在一起、有前科、抽煙、嗑藥、彼此是表兄妹、曾經和你朋友約會過、會去參加偶像選拔票選，卻不參加政治性的投票、聽席琳狄翁的歌、用高中生的講話方式罵同性戀，或你用高中生的講話方式罵同性戀的時候，他不高興。

約會地雷可能是你選擇對象的標準，但並非毫無轉圜餘地，幾杯啤酒下肚之後，更是什麼標準都沒有了。

參考：乾跑（**dry run**）、參考資料（**reference check**）

dejafuck
| 似曾相識的性愛

❶ 意外地和你沒有打算再度上床的對象所發生的性愛。例如：你曾經在大學畢業前夕，和一個連名字都想不起來，總之後來沒有再見面的女孩上床；十年之後，你在某國際會議中心，再度與她相逢。兩個人在希爾頓飯店一起喝了幾杯酒之後，

你進了她的房間，重溫舊日情誼。

❷ 《慾望城市》（Sex and the City）電視劇中莎曼珊（Samantha Jones）的情節：不小心跟同一個炮友上了兩次床。你根本不知道你以前跟這個人睡過，一直到看到他的第三個奶頭才發現；或更糟的是，一直到你看到他高潮時的表情才發現。

designated dialer
| 專屬接線生

一位願意監督你接聽電話的朋友，他會陪伴著眼眶含淚的你，一起悼念逝去的戀情。因為你可能陷入酒醉亂打電話（drunk dialing）的狀況，所以假如這位朋友發現你已經喪失判斷力，他可以沒收你所有的電話通訊器材。當一個人剛剛分手或失戀的時候，身邊最需要這樣的朋友，避免亂打電話找炮友，或毫無自尊地尋找失去的愛情優勢（hand）！

digits

▍數碼

這是時尚人士愛用的字眼，意思就是「電話號碼」。一般來說，數碼都會交給你想搞的人；那些想要搞你的人，也會給你他的數碼。數碼通常會寫在餐巾紙上、名片（business card）背面，或者手心。但是幾乎沒有人會真的去打這個電話。如果有人真的撥通了，通常都會打到大賣場、約會熱線，或者聽到一個冰冷的聲音，告訴你這支電話已經暫停使用很多年了。

參考：酒吧（**bar**）、假電話（**faux no.**）、拒絕求愛熱線（**Rejection Hotline**）

dipping your pen in the company inkwell

▍辦公室戀情

這就是所謂的辦公室戀情，比方說會計部的大陳和客服部的小李搞上了。這是一種相當便利的交往（dating）模式。在職場的茶水間八卦中，這也稱之為「共乘」（car pooling），例如說：「你今天早上有沒有看到誰跟誰一起『共乘』上班啊？嘿嘿嘿……」

雖然老一輩的人對這種事很不以為然，不過，你仔細想想就會發現，在工作場合約會，其實是非常理想的。酒吧（bar）是讓人調情的場所，不是尋找知己的地方；網路交友好像是在做訪問，不適合工作狂；親友介紹的「理想對象」，更是不可信賴。

考慮過這些因素，就會覺得為什麼不能和同事交往呢？你一天的大半時間，都是在辦公室度過呀！而且和同事交往，至少可以保證你也會喜歡他白天的模樣。

只是，你不可以濫用職權，不可私底下幫你的伴侶加薪，不可把這種關係當成事業向上爬的工具；除此之外，辦公室戀情是合法又正當的。你們可以在午休時間，去旅館開房間溫存、互傳色情簡訊、偷偷溜進貯藏室，或者下班後，在

總裁的辦公桌上大幹特幹，還可以領加班費呢！

還好，辦公室戀情仍然帶著一點禁忌的意味，搞起來更有刺激感，可以說是一種輕鬆的危險性，即使被發現，也不至於會讓你被開除，或者被送進牢裡。如果公司明訂不允許員工戀愛呢？那就要看你對工作的態度了，有時候為了愛，丟掉飯碗也在所不惜啊！

又稱：同事性愛（coworker sex）、工作關係（work liaisons）。

dirty talk
█ 淫聲浪語

這個東西，用文字很難傳達，也無法印出來給你看。

有人會覺得在一夜情（one night stand）或和炮友（fuck buddy）打炮時，比較容易發揮，因為在一夜情中會變得放縱（booty buzz），而打炮根本就是在模仿A片情節。

dirty weekend
█ 骯髒的週末

這種東西唯一的目的，就是要把別人的床單弄得很髒（不是指你姑媽的床單喔！）。如果這個房間裡有水床、按摩浴缸、假木鑲板，或者窗外可以看到燦爛的賭城夜景，你就是處在骯髒的週末裡了。

但是，如果你只用男上女下的傳教士姿勢做愛，你的週末就會降格為香草（vanilla）等級。安全一點的話，多帶一些保險套、潤滑劑、情趣用品，越多越好。又稱：週休旅行者（weekender）。

discreet
█ 謹慎

這個字是一個代碼，通常都用在網路交友（online personals），這個字可以大概地翻譯成：「我是個說謊、欺騙、陰險、自私的人，雖然已經對另一方做出永恆的承諾（commitment），但是也不介意有人幫我吸老二。」

dogging
▌愛現的車床族

在公共空間打炮，例如在公園或停車場，而且通常都會有個觀眾。最典型的狀況，就是在車子裡面搞。在某些情況下，也歡迎在旁邊觀看的觀眾一起參加。

車床在英國的異性戀族群中，是個非常流行的現象。有些網站還會提供你去哪裡做，以及如何做的資訊。還有一支音樂錄影帶，就叫做dogging，這支MV的創作者，是個號稱「網路誕生的性愛無政府組合」的樂團，團名叫做Urockers，歌詞是這樣：「公眾打炮有夠酷，按按喇叭樂無窮，車床車床爽翻天。」

英國保健單位對這種現象非常憤怒，而且提出反擊，目的是為了要降低感染性病（STD）的危險性，並制止那些車床族的喧囂吵鬧。

Dogging這個字眼的原意是「在旁邊看，要不就加入」，靈感來自路邊狗狗交配的樣子。另一個來源是「doggery」這個字，意思是「賤民」或「暴民」，至於那個才是正確的來源？就由你自己決定吧。

千萬不要拿這套把戲，跑去鬧那些正吻得火熱的年輕情侶，如果你跑去敲他們的車窗，禮貌地問他們：「我可以參一腳嗎？」那就糗大了。人家只是在泊車（parking），並沒有在搖車床啊！

doggy style
▌狗狗式

如果你有一種壞習慣，會在搞一夜情（one night stand）的時候，突然脫口而出「我愛你」三個字，建議你最好用這種姿勢做愛。

I love you!!!

doing it for science
┃ 為科學獻身

❶ 進行某種性愛實驗，並不是因為你真的「需要做」，而是你想知道這樣做到底是什麼滋味。參考：好奇的雙性戀（bi-curious）、性愛收藏（collectible）、性嘗試（try-sexual）。

❷ 你在報紙的分類廣告上，看到了徵求實驗者的廣告，於是簽下賣身契，擔任這項性學實驗的白老鼠，因為你很缺錢。

❸ Nerve.com網站上的一個專欄名稱，作者是葛蘭·史多達（Grant Stoddard）。他在專欄中發表許多自己的性經驗，包括：性別扮裝、用石膏做自己老二的模型、扮演成人嬰兒等。他也非常樂於針對讀者的問題，提出具有啟發性和實用性的回應。

Donna
┃ 唐娜

會把打一炮當成國家大事的人，就像《飛越比佛利》（90210）中的唐娜。

這種唐娜型的人，會把性當成一根掛在眼前的紅蘿蔔，一旦她們讓你咬到了一小口蘿蔔，她們就會要求報酬。唐娜如果一不小心，就會變成拜金女（gold digger）。

do-over
┃ 重來一次

第二次的機會。如果你的釣人用語（pickup lines）、約會（date）、親吻（kiss）、性愛動作或感情關係，在第一次做的時候全搞砸了，你還可以要求第二次機會。例如：在浪漫的氣氛下，你正準備親吻對方，而這將是你們一輩最難忘的初吻，但是當你正要吻下去的時候，對方卻跌倒了！這種情況，就可以要求「do-over」！

double-headers
┃ 連環雙響炮

同一天內，分別跟不同的兩個人做愛，但是兩次做愛當中，並沒有發生任一下列事項：改變地點、改變穿著、換床單，或者是變心。如果這兩次打炮約會當中，當事人甚至連澡都沒洗，那就

➡

叫做高速換人（shifting on the fly）。
真噁耶！

double standard
| 雙重標準

讓我們舉個例子來定義這個詞吧！亂搞
的男人，叫做「猛男」（stud）；亂搞
的女人，叫做賤婊子（slut）。或者，
男人放屁很有趣，女人撇風嚇死人。換
句話說，「雙重標準」就是狗屁！

參考：玻璃天花板（**glass ceiling**）、壞名
聲（**reputation**）、處女蕩婦情結（**virgin-
whore complex**）、公平物化機會（**equal
opportunity objectification**）

dress up, to
| 扮裝

穿著不像你風格的服裝打扮，無論是
在臥室內或臥室外。對女性而言，這
個動作通常都是在呼應內心的賤婊子
（slut）那一面。

對男性而言，他們或許會穿上女友的花
邊內褲（但是這樣的性幻想很少真正實
踐過，因為他們怕女友把這件事告訴她
們最好的朋友／姊妹／心理醫生／母親

／會參加他們婚禮的人。）這也就是為
什麼一夜情是扮裝遊戲的最佳時機。

在娛樂性愛（rec sex）的過程中，你
的性伴侶對你真正的個性，並不會多作
觀察（參考：性放縱〔booty buzz〕、
性期待〔sexpectation〕），因此，你
「扮裝」所穿的低胸衣服、緊身白色內
衣褲，或SM的馬甲，都是只有你自己
知道的秘密。

參考：萬聖節（**Halloween**）

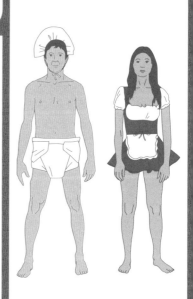

drive-thru
| 得來速

❶ 一種方便簡易的性愛，就是你
開車在某處停下來，快速打一炮
（quickie），然後馬上走人。常
用藉口：我實在不喜歡這樣來了就
走，可是我要趕飛機。

❷ 一個很好上的人，也就是說，這個
人24小時都「開放」。

drunk dialing
| 酒醉亂打電話

在某種情緒影響下，打電話給：你現在
正在搞的人、你很想搞的人，或者你以
前曾經搞過的人。打這種電話的時機，
通常都在失戀分手之後、酒吧快打烊的
時候，或者你爛醉如泥的時候。

這種電話和炮友電話不一樣，通常都是
在酒醉時打的，而且經常都是在亂打，
完全沒有意義；或者，根據字面上的定
義，酒醉亂打電話，表示這人已經失去
判斷能力，無論這通電話有沒有為他搞
到炮友，只要打了這通電話，明天早上
就會懊悔不已。

如果你喝醉了酒，只是打電話給你的好
哥兒們，胡言亂語地對他說：「兄弟！

我愛你！」這樣還滿可愛的；如果你喝
醉酒亂打電話給你老媽（mom），就
該去看心理醫生了。

參考：專屬接線生（designated dialer）

dry humping
| 乾磨蹭

❶ 生殖器互相摩擦碰撞，模擬真實性
交的動作，但是兩人可能都衣著整
齊。青少年和保守教徒，比較會玩
這一招，因為他們還沒準備要「一
路到底」。

❷ 在舞池跳舞的時候，生殖器互
相摩擦碰撞，模擬真實性交的動

作。做這種動作的笨蛋，通常都沒有得到女生的許可。女孩子也會被這種舉動惹火，然後把酒潑到這些冒失鬼的臉上（參考：跳舞〔dancing〕）。

❸ 性摩擦（frottage）。

❹ 你家小狗對你的腿所做的事。

❺ 本書作者之一的Lo，在她六歲的時候，對著咖啡桌腳所做的事。

dry run
乾跑

這是更正式版本的「乾磨蹭」：你和某個人回家，但是你們並沒有「一路到底」（至少身上還穿著內褲和運動衫才算數）。

乾跑的任務之一，就是調查對方有哪些約會地雷（deal breaker），也可以保護自己的安全，不讓那些想要增加炮友計算（body count）數量的低能兒輕易得分。

乾跑過程需要檢視的項目包括：帶著侵略性卻相當笨拙的接吻方式、很壯觀的填充動物玩具收藏、黑紗床單、浴室櫃子裡的衛生棉條、兩枝並排的牙刷（除非你想玩3P）、特別訂做的地窖（除非你想這樣玩）、床頭櫃上放了父

母照片的相框。又稱：試車（the test drive）。

參考：參考資料（**reference check**）、體外性交（**outcourse**）

Dutch courage
荷蘭式勇氣

酒精所帶來的勇氣。具體說來，灌下兩小杯酒之後，你就會中斷《超級名模生死鬥》的錄影，然後跑到附近酒吧（bar）想找個名模跟你跳舞，儘管那邊根本不是舞廳，而且你的身高也只有對方的一半。

這個詞的源頭，是因為一百多年來，荷蘭人都喜歡喝醉酒壯膽。去一次阿姆斯特丹你就知道了。

參考：性愛酒精（**booze**）

dutch, going
各付各的

❶ 兩人平均分攤帳單費用，免得還要懷疑，是否吃了這頓龍蝦大餐就得陪對方上床。

❷ 嗑藥嗑昏的時候做愛。

❸ 穿荷蘭木屐做愛（老舊用語）。

E

early adopters
| 性愛先驅

性愛趨勢的領導者。當大家認為翹小指是同性戀的時候，他們早就懂得翹小指頭；在《慾望城市》（Sex and the City）出現之前，他們就已經會用按摩器；他們也最早發現簡訊（text message）其實可以用來找電話炮友（booty call）。他們是這本書的靈感來源，他們是我們的希望、我們的未來。

early decision
| 提前表態

在一段感情關係還在交往（dating）階段，其中一方逼迫另外一方提早表態。這個決定會演變成：a）獨占關係（參考：承諾〔commitment〕或一對一關係〔monogamy〕），b）分手。

這種強制性的獨占關係，可能是為了控制和占有，也許是想降低性病感染的危險性，或只是（浪漫地）想要保持一對一關係，老了以後還可以把你們健康純潔的愛情故事說給子孫們聽。

economies of scale
| 規模經濟釣人術

一種誘惑（seduction）理論，也就是說：投入的對象越多，獲得的也越多。你可能會說：「這不是廢話嗎？」不過，經濟學理論都指出：打開商品包裝的那一刻，是最快樂的時候。

這麼說吧，跟蹤一個仰慕已久的夢中男子／女子，你跟著他走進泡沫紅茶店，看他喝著抹茶口味的拿鐵。靠近他旁邊的時候，你緊張得要死，於是匆匆地把你的電話號碼寫在餐巾紙上，交給對方，期待他會成為你未來的伴侶，你覺得你的勝算大嗎？

但是，若你願意每天都這樣去認識每一個吸引你的帥哥正妹，那你空手而回的風險就相對降低了。反正你不可能和他們每一個人約會，所以被一兩個人拒絕，跟被十五個人拒絕，又有什麼差別呢？

這種自由放任的模式，降低了你空手而回的可能性，也相對增強了你的性吸引力。這就是我們所謂的投資報酬率。你一旦掌握了這種主動出擊的優勢，要注意別太「博愛」，至少別讓愛你的人心碎喔！

Ecstasy
| 快樂丸

電音舞會中的藥物，這東西的壞處是，會導致你在身上亂摸、抱抱派對（cuddle party）、普通級的3P（three-way），以及雜交（orgy）；用過之後也可能會亂打電話（drunk dialing）給你的姊妹淘或哥兒們。

ego boost
| 自信膨脹

❶ 有人回應你的網路交友（online personals）廣告，尤其是在你最心碎的時候。雖然你不喜歡那個人的回應，但是至少知道在這個世界上的某個地方，還是有有人想要你。

❷ 跟一個很喜歡你的人做愛，他會對你說盡你想聽的話，讚美你的眼睛閃亮柔美，頭髮甜美清香。當他滿足了你，讓你覺得自己身價不凡之後，你就以迅雷不及掩耳的速度把他甩掉。

❸ 和名模、名人，或者在你的專長領域中的傑出人物上床。

❹ 在酒吧（bar）有人買酒請你。

❺ 有人到你的部落格（blog）留言，

問你想不想賣你穿過的內褲。

❻ 性愛。

email
| 電子郵件

這種東西就某方面來說，是非常好的溝通媒介，例如：約會兩次之後想把人甩掉、想約同事出去、想談談關於昨晚（about last night）的事、想對炮友（fuck buddy）提出下流的要求、或者轉寄一些冷笑話。

但是這種東西相對於其他事情，卻是非常差的媒介，例如：約會兩年之後想把人甩掉、告訴對方你可能害他得了皰疹（herpes，參考：匿名性病通告〔anonymous STD notification〕），或者解釋你對「另類」水上運動的喜愛。（我們指的可不是男子水上芭蕾，是「玩尿」！）

emissions, bodily
| 體內排放

❶ 包括任何一種下列東西：唾液、口水、射精前流出來的液體、精液、陰道分泌物或淫水、屁、陰道排出

的氣體、屁眼排出的氣體、不是好時機卻脫口而出的愛情告白。

❷ 《美國派》三部曲、班史提勒的鬧劇，以及大部分色情片中的真正「主角」。

❸ 當我們在為寫自信膨脹（ego boost）這一節的時候，在Em（本書作者之一）的褲子裡面騷動的東西。

ennui
I 性倦怠

這是一種情緒狀態，當你孤單一人時，發現自己正在睨著餐廳、藝廊或博物館內雙雙對對的快樂情侶。這時，你巴不得他們身受重傷，或者乾脆讓自己被車撞死算了！

除非你能馬上開始發展出長久關係（LTR），或者至少暫時忍住不去釣人（hookup），否則，你將發現自己在搞一夜情（one night stand）的時候，會突然衝口說出不該說的話，例如：「我愛你！」或「別離開我！」

EPT
I 緊急驗孕、緊急修毛

❶ 緊急驗孕（Emergency Pregnancy Test）。這並不是你在搞一夜情的時候所需要的東西（除非你的運氣真的那麼背），因為搞這種事的人都設想周到，他們通常都會使用兩種避孕方法，例如用保險套（預防感染性病），或者用避孕藥或女用保險套。

❷ 緊急修毛（Emergency Pubic Trim）。這種行為發生的時機，通常都在酒吧快打烊的時候，在酒吧的洗手間裡趕緊用指甲剪修剪毛髮；或者是搞定（closing the deal）前，你人在一夜情對象的家，藉口溜進洗手間，用對方的剃刀修毛。

緊急修毛其實沒有必要，都到了最後的節骨眼，只有恨毛髮入骨的神經病才會拒絕你的求歡。但是，等一下！如果你身上的毛髮，讓你失去機會，失去躺著被吸被舔屁屁的好康，那麼，不要聽我們的，快拿剃刀把毛修乾淨吧！

參考：「玩」了！（play d'oh!）

equal opportunity objectification
▎公平物化機會

這是女人眉目傳情的遊戲。男人都是「外貌」協會的會員沒錯，但是女人也愛色瞇瞇地看男人啊！或許女人看男人的嚴重性，並不至於像《木馬屠城記》那樣，看一眼絕色美人海倫，就要掀起百年大戰，但是拜託，也給我們女人公平的機會吧。

千百年來的父權壓抑，從來沒有讓女人得到真正的性愛自主權，也沒有機會讓女性在視覺上享受到男性的肉體，體驗那種小鹿亂撞的悸動。

米開朗基羅的「大衛」雕像太「掩藏實力」，我們根本只看到一小條；而《花花女郎》（Playgirl）中的裸男，根本都是男同志在看的。男人看一次女人的海咪咪，女人也該看一次男人的翹屁屁，這樣的要求很公平吧？不然，給我們看全裸男人也可以。像《鋼琴師和他的情人》中的哈維凱托、《枕邊書》中的伊旺麥奎格，和《野東西》中的凱文貝肯，都有全裸鏡頭，但是……根本不夠啊！同工就要同酬，我們只希望有時候也可以看到脫褲子的性感猛男，就是這麼簡單。

參考：雙重標準（**double standard**）

etchings
▎蝕刻版畫

這是邀請別人跟你回家過夜，最荒謬的藉口，例如：「要不要進來看我的蝕刻版畫？」這句話有點幽默，也有點荒唐：拜託！誰家會有蝕刻版畫這種東西啊？不過，無論是荒唐還是幽默，這句話總是帶著無法抗拒的誘惑。

在性愛要求的過程中，這句話有四兩撥千金的功用，把艱難的性邀約變得輕鬆自在，不至於太緊張沈重。而對方如果要拒絕你，氣氛也會比較輕鬆。這句話並不屬於陳腔濫調（clichés），也不是「要不要進來喝一杯酒？」（ "Would you like to come in for a nightcap?" ）這樣的低階釣人用語。可別搞混了！

ethical slut
▎道德浪女

❶ 1998年出版的一本書的書名，附標題是：性開放的全新思考（A Guide to Infinite Sexual Possibilities），作者是朵西・伊斯頓和凱薩琳・A・李斯特（Dossie Easton and Catherine A. Liszt）。基本上這是一本多重性

➡

關係（polyamory）愛好者的愛情法規（The Rules），但是卻沒有老式的性別刻板印象、隨便玩玩（game playing）、婚姻焦慮，或者離過婚的作者（譯註：許多撰寫婚姻愛情指南的作者都離過婚）。好吧！這和愛情法規一點也不一樣。

❷ 做愛的觀念很誠實、有倫理、肯負責的人。這種人做愛的目的，並不是為了炮友計算（body count）。

參考：賤婊子（slut）

evangelism
傳福音主義

把性愛當作一種改變對方的工具。例如：一個自由派的人為了選票，和一個保守派的人做愛；或者湯姆克魯斯談戀愛，目的是為了要他的妻子或女友改信科學教。

這種性愛發生的時機，通常是在一個人企圖要改變伴侶歧異（可恥）的想法／宗教／哲學思維／音樂品味，讓他們可以心安理得地繼續和對方做愛。又稱「與敵人共枕」（sleeping with the enemy）。

evidence
證據

在你的家裡面，一眼就可以看到，讓你喪失做愛機會的東西。例如：超級偶像選拔主持人的真人立型海報、一本正經地裱在相框裡的大學文憑（而不是為了要搞笑）、球隊獎盃、有個長得像布萊德彼特的室友、有兩台以上電視或一台電視也沒有、經濟包潤滑液（而且已經用掉了四分之三）、會唱歌的魚擺飾。

參考：乾跑（dry run）

eye candy
花瓶

這種人可口養眼，他們不會讓你的生殖器蠢蠢欲動，而是帶來一種性感的心靈激賞。例如：男裝廣告男模、內衣女模、電影中免費出現的奶奶和屁屁鏡頭、裘德洛、老伯伯身旁的坦露酥胸年輕妻子……這些東西都會讓人心癢，但還不到色情的地步（除非你只有13歲，因為在那種年齡，這些全部都是打手槍的好配料）。

E

F

facial
｜顏射

在別人的臉上射精（通常都是射在女性的臉上），不過這套表演卻普遍出現在男同志色情片中。女性的「顏射」，則是在被舔盤的時候，把愛液噴到性伴侶臉上。

男女的噴出液體都具有傳染性，所以最好不要和逢場做愛（casual sex）的伴侶玩顏射，雖說一夜情（one night stand）是嘗試另類性行為的最佳時機（參考：性放縱〔booty buzz〕）。

請不要質疑為什麼口交的時候都沒有人帶套或口交護膜（dental dam），這點我們清楚得很，但是別人不帶套，並不表示你也不用帶套，難道每個人都從橋上往下跳，你也要跟著去死嗎？算了！想死就去死吧！只是當你想射在別人臉上的時候，先知會人家一下，得到許可之後再來射。禮節必須注重，不可造次啊！

fad sex
｜時尚性愛

突然間蔚為風潮的性愛姿勢、性行為或性用品。通常這些東西之所以會大肆流

行，是因為有名人背書（參考：史汀〔Sting〕），或有某本雜誌的封面故事報導（參考：提腿俱樂部〔One Leg Up〕），或者在某個當紅的電視節目出現過（例如《慾望城市》〔Sex and the City〕中的「跳跳兔」按摩棒）。

faking
｜假高潮

❶ 女性假高潮。每個女人一生中至少會表演一次。假裝高潮是一種戲劇藝術，就連專業演員也不見得有辦法演到讓人信服。

演技派的假高潮會發出沉重的喘息，伴隨著極度戲劇化且強度越來越高的「嗚……啊……」浪叫聲（都是模仿A片和電影《當哈利遇見莎莉》），接著會說出一句「你好棒……」。假高潮的目的，通常是為了不想傷害性伴侶的自尊心，或者只是希望對方趕快搞完倒頭大睡。

雖然假高潮都有正當的動機，但這並不是什麼好事，甚至造成因為欺騙和溝通不良所導致的惡性循環：你的伴侶會以為他的做愛方式能讓你得到高潮，於是他往後都繼續用那

F

套動作，你也覺得自己有義務繼續「回報」他，於是，過了一年的假高潮生涯之後，你終於精神崩潰，長期處在極度疲憊和無趣之下，最後你忍不住全盤拖出。通常在這時候，他們會馬上跟你分手，因為你那些虛情假意的鬼叫，羞辱了他們的尊嚴。

所以，為什麼要堅持性愛必須達到些什麼目的呢？一場美好的性愛，高潮的重要性並不會高過於穿件漂亮的內衣。而且，很多女人並不是那麼容易到達「仙境」啊。女人的高潮公式，並不像男人那麼單純：只會插入、抽送、再重複動作。女人的性器官是非常敏感、易變且挑剔的，事實就是如此，沒有必要覺得羞恥。

妳必須以誠懇的溝通、溫柔的指導、熱心的鼓勵，與伴侶一起克服困境，教育他們了解妳的情緒。在特殊狀況之下，假高潮是可以被接受的，例如一夜情（one night stand）的時候，如果不想再看到對方，就可以假高潮，反正你們沒有下次了。遇到這種情況，假裝高潮反而會讓人更放蕩，或許會得到更多的高潮呢！

❷ 男性假高潮。男人也會假高潮喔！

雖然說女人做這種事的機率較高，但是別以為男人就不會造假！男人無法達到高潮的原因很多：壓力、憂鬱、沮喪、酒醉、感情問題、藥物、保險套太厚……問題一大堆根本列不完。

射精待對於男性而言，是個很大的壓力。他們可能會戲劇性地抽動兩三下，裝作射精高潮，或在黑漆漆的房裡快速脫掉保險套，讓你誤以為他射了。這些都是很容易蒙混過關的伎倆。

下次做愛，要擔憂的事更多了，因為會假高潮的人，可能不只女人喔！

faux no.
| 假電話

把假的電話號碼，給對你有興趣的人。這樣做的理由，通常是對方真的很煩，你想惡作劇他們一下；或因為你太軟弱，無法狠下心來拒絕他們；也或許你只是希望他們閃遠一點。

經常用到的假電話如：前任情人的電話號碼、披薩外送店的號碼、或者把自己的電話故意寫錯一個數字，例如把7寫成1，把0寫成6，萬一下次好死不死又碰到面，就可以推說是筆誤。

➡

參考：拒絕求愛熱線（Rejection Hotline）、數碼（digits）

Feminine Mystique, The
| 女性迷思

女性主義者貝蒂·傅瑞丹（Betty Friedan）1963年的著作，書中所提出的「無名的難題」（the problem that has no name），引起了全國爭議。這個問題，就是指快樂的家庭主婦／母親的迷思。此書為往後「不女性化」（unfemimine）的態度及行為，奠定了理論基礎，例如：生育控制、婚前性行為、無拉鍊打炮（zipless fuck）以及炮友電話（booty call）。

feng shui
| 風水

❶ 把你臥室裡的家具，陳列成做愛的最佳位置。
❷ 由中國古老秘方包裝成的新世紀狗屎。如果你敢公開表態，承認自己也在搞這套把戲，你搞到人做愛的機會，將微乎其微。

flavor of the month
| 本月主打

某個你正在約會，或者正保持性關係的人。假如你換伴侶的頻率，就像換衛生棉一樣，那這個人就是你的「本月主打」；如果你換人的頻率像換衛生紙，這個人就叫做「當下主打」（flavor of the moment）。

fling
| 邂逅之戀

雖不足掛齒，卻也有點份量的感情關係。邂逅之戀通常都是一對一關係，兩人會有許多親密舉動，大腦也會分泌超爽嗎啡，讓你有戀愛的錯覺，雖然你心知肚明，這根本就不算是談戀愛。
邂逅之戀通常都有賞味期限，例如：一個暑假、一個學期、做變性手術之前。這種形式的戀愛，都不會超過三個月。又稱：迷你戀愛（fun-size affair）。

F

foreign accent
| 外國腔

一夜情（one night stand）、外遇或者
邂逅之戀（fling）中，最完美的搭配。
最好是法國腔，無論是真（例如《出
軌》（Unfaithful）中的奧利維·馬丁
尼茲〔Olivier Martinez〕）是假（例如
《飛越比佛利》影集中的布蘭達有一個
學期出國，就裝假外國腔）。

foreplay
| 前戲

性愛運動之前的伸展操，也就是暖身。
對於女人，前戲代表30分鐘的親吻、
愛撫、交頸、調情、細語、輕咬……等
等，一切都要發生在對方插入之前；
但是對於男人，前戲就是30秒鐘的親
吻，然後就想馬上插進去。

free love
| 自由之愛

在1960年代，人們把釣人（hooking
up）這行為通稱為「不要錢的愛」。
在那個年代，逢場做愛（casual sex）

是嬉皮和共產黨的專屬品。

free milk
| 免費牛奶

這個詞來自一句話：「如果有免費的牛
奶可以喝，為何還要養母牛呢？」現在
這句話可以翻譯成：「如果有女人可以
搞（而且不會被套牢），為何還要結婚
或承諾（commitment）呢？」

frequency
| 打炮頻率

在固定的時間內，和性伴侶見面打炮的
次數。電話炮友（booty call）關係，
可能會隨著「打炮頻率」的高低而建立
或毀滅。
如果你跟對方見面打炮的頻率每週超
過一次，很有可能會掉進實質關係
（common-law relationship）裡；如
果一年還不到一次，那麼下次你打電話
給他的時候，接電話的人，可能就變成
他的新歡啦！

F

friend with benefits
| 性益友

❶ 成人用法：如果你們兩人都沒有交往對象，你可以偶爾打個電話，跟他約炮。這種性伴侶，其實是炮友（fuck buddy）比較溫柔而親切的說法，通常也都是指那些比較溫柔而親切的人。

❷ 青少年用法：關係紊亂的青少年交友圈中，用來稱呼自己親密伴侶的用語。穩定交往（go steady）中的「男友」、「女友」這類傳統稱呼，已經從青少年的約會用語中消失了。又稱：booty buddy（也翻為「炮友」）。

friend zone
| 普通朋友

這就像被打入冷宮，關進一個鴿籠大小的小房間。我們通常都會把新認識的人分成三類：有可能發展感情的、有可能把來玩玩的，和只能當普通朋友的。這種分類，在見面後幾個小時之內，就大致底定了。「有可能發展感情的」和「有可能把來玩玩的」之間，有很多重疊互通的可能性，但是如果被歸類到「當普通朋友的」，就沒搞頭了。在這種定位中，最常聽到的老套藉口就是：「可是……我不想破壞我們的友誼。」或者更可惡的是：「你太好了，我配不上你。」又稱：炮友黑洞（the booty black hole）。

Friendster
| 加入好友名單

❶ 這是一個網路線上社群（Friendster.com），在這裡，你會覺得有很多朋友，比你真正有的朋友還要多。這個社群的運作，很類似性病（STD）的傳播：你登入帳號之後，先連結到朋友的帳號，然後馬上又連結到你朋友的朋友群。好處是可以藉此認識在同一圈子裡的人；壞處是萬一碰到一些「遜腳」要求加入好友名單時，就會陷入一陣僵局：答應對方，就會把自己也變成「遜腳」一族；如果拒絕對方，自己又成了混蛋。

❷ 被你排在第二順位的朋友，但是你卻很無恥地利用他們，從他們身上撈到好處：介紹你認識名模、進入貴賓室、認識他有名的媽咪、去他

家的游泳池，即使你明明知道他們是真的喜歡你。

fringe benefits
▎員工優惠

感情關係當中，不用付報酬的一部分。對方會提供給你一些好康，讓你得到許多免費的便利。例如：幫你銷帳的酒保（bartender）、給你食物吃的廚師、幫你挑染的髮型設計師、拿到免費性玩具樣品的性愛作家。又稱：額外好處（gravy）。

frozen food aisle
▎冷凍食品區

尋人啟事（Missed Connections）中最常見到的地點，或許因為單身男女比較偏好便利的冷凍食物吧。

例如：你在冷凍食品區逛著，穿著一件寬鬆的舊T恤，臉上帶著調皮的笑。我則在冷凍素食區翻翻找找。我們倆的購物車剛剛還不小心撞到……難道是巧合嗎？如果不只是巧合的話，讓我們一起去買菜，做一頓燭光晚餐共同享用吧！

參考：玉米麥片區（**cereal aisle**）

fuck buddy
| 炮友

只有做愛打炮，沒有感情牽扯的朋友。
炮友和性益友（friend with benefits）
不同。被老闆開除或貓咪死掉的時候，
你絕對不會打電話給炮友，可能手頭
緊，繳不出房租時，會去找他借點錢
吧。
總之，炮友之間由於沒有感情的牽扯，
性愛的內容通常也比較淫蕩，比方說：
狗狗式（doggy style）、肛交（anal
sex），以及更多性愛花招，都會和炮
友一起玩。

fuck 'n' chuck
| 幹完走人

做愛完之後就分手。這種事的悽慘程
度，相當於被搶劫，或者去拔牙，或者
拔完牙回家途中被搶劫然後第二天又被
人甩掉。

fucksimile
| 性愛複製品

❶ 某個你和他上床的人，但你會跟他
上床的原因是：他讓你想起（或者
接近）某個你真正想搞的人。

❷ 類似「性愛」的東西，例如：網
交、充氣娃娃，或裝著溫熱起司通
心麵的保鮮袋，一面還塗著奶油，
你可以把老二包在裡面衝刺。

F

game playing
| 隨便玩玩

在感情或性愛活動中，為了掌握優勢，化主動為被動，扮演雙面人的角色。我們覺得，若非有很好的目的，最好別隨便玩玩。

簡而言之，找逢場做愛（casual sex）對象時，永遠要體貼誠懇，心口如一。不要玩「單向逢場做愛」（unilateral casual sex），也別太相信「愛情優勢」（hand）。答應別人要打電話，就一定要打電話給人家。把《愛情法規》（The Rules）這本書燒了吧，把我們這本小字典放在你的桌上。

gaydar
| gay達

一種與生俱來的雷達，能辨別出誰是同性戀，誰不是同性戀。最常發生的時機是：大學迎新、酒吧（不是同志酒吧）快打烊之前，或懷疑你正在交往的人。請注意：你本身一定要是同性戀，或者你喜歡同性戀，才有資格用「gaydar」這個字眼。如果你有恐同症（homophobia），把所有不像賽車選手的男人，和所有留短髮的女人，都

指認為同性戀，那叫做「亂貼標籤」。
參考：玩達（playdar）

George Michael, a
| 喬治麥可

在公廁和陌生人瞎搞的行為。

girlfriend material
| 優質女友

一個擁有的完美素質的女人，最好長得像安潔莉娜裘莉、擁有一流口交絕技，和會生孩子的屁股，這樣的女人最值得給予承諾（commitment），託付終生。男人也希望趕快跟這樣的女人定下來（參考：提前表態〔early decision〕），她就不會再和別的男人上床。
參考：優質男友（boyfriend material）

glass ceiling
▌玻璃天花板

在定義「淫蕩」的議題上，加諸在女性身上的限制（或者女性自己加的的限制）。

男人的炮友計算（body count），可以被美化成偉大的征服，甚至被稱為「淑女殺手」（lady killer），或者用比較現代的說法：大玩家（playa）（被他「征服」的女性雖然覺得他很混蛋，卻仍然臣服於他的魅力）。

但是在另一方面，女人打電話找男人的時候，只要多打給兩個人，就會被冠上「隨便」、「庸俗」、「公車」。

參考：雙重標準（double standard）、壞名聲（reputation）、賤婊子（slut）

glory hole
▌屄洞

在成人書店／錄影帶店後面的小房間，或公共廁所（通常都是卡車司機休息站的廁所）牆上的拳頭般大小的洞。男人可以把老二伸進這個洞裡，讓另一邊的陌生人幫他口交、打手槍或者肛交（anal sex）。

顯然，在這裡有一整套的遊戲規則，完全不必開口談條件，只要有爽到就行。而最基本的一個要求，大家講都懶得講的，就是要戴保險套。剛進這個圈子的人會說，在這種場合流傳的恐怖故事（除了性病之外），都只是謠言啦！可是呢，我們還是強力建議你：你與其去插這種神祕的屄洞，不如先去挖挖自己的耳朵，可以聽明白一點！

G

going out
▌一起出去

和穩定交往（going steady）類似，但這種一對一關係，是交換體液，可不只是交換一下定情物而已。

69

going steady
| 穩定交往

❶ 一對一約會。一般情況下，彼此告白後，兩人就進入了這個階段，不一定要有親密接觸。「真愛運動」（True Love Waits）的成員，也在搞類似的把戲，但是他們彼此交換銀鑰匙，象徵著（希望也提醒）他們的貞操將會鎖起來好好保管（直到六個月之後，有一天她喝醉了酒，沒戴保險套就和男生做了，因為她從來沒有學過如何避孕，結果，她懷孕了，於是媽咪付錢帶她去墮胎。這位媽咪是反墮胎委員會的委員長，因為她的女兒們，沒有一個願意因為把什麼東西鎖起來，搞到產下私生子。）

❷ 一種現代反諷字眼，嘲笑那些一對一交往的情侶。

gold digging/gold digger
| 拜金／拜金男女

❶ 不必動山刀，就可以迅速致富的方法。不管是私下包養（如拜金女的邂逅之戀（fling）或感情關係），或是有合法文件背書（如嫁入豪門的婚姻）。

一般的情況是這樣的：一個所謂的背彎花瓶（arm candy），同意提供某些服務（性服務或烹飪服務），用來交換鑽石、名牌包、雙B跑車以及豪宅。

許多想當拜金女接班人的少女，也在網路（Internet）上發功。她們就是所謂的視訊美少女，專在網路攝影機前搔首弄姿，或貼出她們半露不露的照片，以換取她們在購物網站上看中的禮物。

這種拜金少女現象，就像許多青少年文化和所謂很「酷」的東西，都是發源自日本：成千上萬個日本女學生都在做「援助交際」，這些外表像鄰家少女的女孩子，願意和年長的男人出去約會吃飯，或許提供性服務，以滿足她們的購物慾。

② 另類、不適合電視播出的定義。這種拜金女，不會問你有沒有洗澡，就先用小指頭（或更多指頭）按你家後門的門鈴（對不起，媽）。

Google
用Google搜尋

① 一種奇妙的搜尋方式，讓你「不小心」發現你的前任情人娶了某芭蕾舞星，或他最近的過敏症狀，或發現他開始禿頭了。
② 一個讓你不敢把這些東西貼上網的好理由：個人裸照、你對岳母的不爽，以及你的詩。

Google, to
去Google一下

在網路上當業餘偵探，調查你新情人出版過的作品、犯罪紀錄、自拍裸照、參加過的慈善機構，搞不好還有曾經加入過的中世紀神秘組織。

Googlegänger
Google二重身

出現在電影《生靈之破膽三次》（doppelgänger）中的一個遊戲。某個人跟你同名同姓，結果你的朋友（也有上google搜尋的嗜好），經常會把他誤以為是你。如果你的Google二重身有可疑的政治傾向、喜歡玩戶外團體遊戲，或者年少時候拍過業餘A片，被誤認的話，還滿丟臉的。

Google goggles
Google眼迷

在網路（Internet）上搜尋的時候，發現了某些令人印象深刻的事情，於是對剛交往的情人有了浪漫的看法。這些事情包括：他曾進入暢銷書排行榜100名、有個圖書館分部以他命名、名攝影師或普立茲得獎記者幫他拍過的照片等等。

雖然這些事蹟在網頁上看起來很厲害，但是對你本身卻不一定有好處。被Google迷了眼，會蒙蔽你對這個人的判斷。

參考：茫到鬼遮眼（**beer goggles**）

gossip
| 八卦

達爾文的機制，用來約束不道德的放蕩
行為。這種行為通常都是處罰那些道德
浪女（ethical slut），尤其常發生在保
守的浸信教會或婆婆媽媽的女人之間。

grief therapy
| 傷痛治療

讓人重新振作的感性或性感的擁抱，帶
給人安慰，把他的心從折磨人的傷痛中
解脫出來，或者把一個人從失去朋友、
家人或情人之後的麻木狀態中敲醒。哀
傷的那個人，不必對這種治療式的性愛
感到羞恥，這畢竟是種自然的衝動。
提供傷痛治療的人，更不可以趁對方脆
弱的時候，占他們的便宜，也不要以
為，這樣做會是一段美好友誼的開始。
你只是個自私的代替品、一個提供憐憫
性愛的人（mercy fucker）、一個性愛
社會工作者、一桶冰淇淋（譯註：在美
國文化中，失戀或傷痛的時候，就會開
始大吃冰淇淋），其他什麼都不是。
又稱：創傷後性愛（post-traumatic
sex）。
參考：慰安性愛（comfort sex）

Groucho Marx syndrome
| 高裘馬克斯症候群

「我對任何想收我為會員的俱樂部沒興
趣」（譯註：這是美國喜劇演員高裘馬
克斯最著名的笑話之一，出自他的個人
自傳）。意思是，自己送上門的人不希
罕，把不到的才誘人！

group sex
| 群交

三人以上一起玩。「群交」這個字眼，
通常是指有狂歡縱慾性質的性愛態度，
參與者一般都是在不由自主的情況下開
始玩，可能是帶有挑逗成分的遊戲氣氛
帶領下，所造成的「雜交」（orgy）。
參考：玩趴（play party）、提腿俱樂部
（One Leg Up）、3P（three-way）

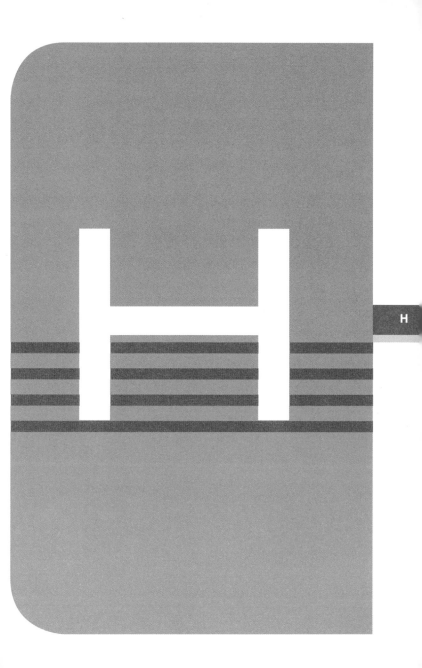

H

Halloween
萬聖節

扮裝（dress up）的最佳時機，趁機變裝成跟自己完全不一樣的人，然後瘋狂做愛。你可以扮成法國女傭、超級英雄、高級妓女、麥可傑克遜……慢著！最後一個還是不要好了！

hand
愛情優勢

這個字是「優勢」（upper hand）簡寫，通常都是用在感情關係上。這個字廣為流行的原因，是因為美國電視影集《歡樂單身派對》（Seinfeld）中，喬治科斯坦沙（George Costanza）自覺擁有愛情優勢，卻被人給甩了，他不敢置信地說：「怎麼可能！我有hand啊！」而把他甩掉的前女友接著對他說：「沒錯，就要派上用場了。」（譯註：用來打手槍）

對於某些人（尤其是那些缺乏安全感，喜歡「隨便玩玩」〔game playing〕的人）而言，在釣人（hooking up）或交往（dating）的初期，擁有愛情優勢是非重要的。為了占到上風，他們可能會很誇張地和酒保（bartender）調情、

故意很晚才回電話、或者週末突然「有事」無法約會。

但是請注意：如果你和喬治科斯坦沙一樣，覺得自己亟需得到愛情優勢，或吹牛說自己擁有愛情優勢，那就表示你根本沒有。那些真正「拿手」的人，才不會玩這種把戲！

handbag
手提包

❶ 單身女性外出過夜時所攜帶的手提包。例如Fendi長皮包，可以輕易地裝入保險套（condoms）、潤滑劑（lube）、牙刷、備用內衣褲、口紅、名片（business card）、口香糖、手機、屌環……

❷ 舞廳的淑女之夜（ladies' night），女人們聚在一起跳舞的景象：因為沒有男人幫忙看管手提包，因此女人們經常圍成一圈跳舞
參考：準新娘派對（bachelorette party）

❸ 異性戀男子的性愛安全感測試：當女伴要上廁所、或上舞池熱舞、或幫嘔吐的朋友撩頭髮，而要求男伴幫她看管粉紅色毛毛皮包的時候，究竟這位男伴是很固執地拒絕？還是從中間拎起來，好像那是一片沾

上屎尿的尿布？還是面帶微笑，親切大方地把皮包掛在肩上？

男人對於身上帶著女用皮包的自在指數，和他對同志婚姻的支持度、他母親撫養他長大的方式，以及他從後門潛入你家的可能性，都有正向的關連。

❹ 女人劃地盤的一種方式：當女人要去上廁所時，會要求淑女之男（ladies' man）幫忙看管皮包，這男人可能因此對這段關係產生焦慮，以為這女人這樣做是為了劃地盤，防止其他人趁虛而入。

handcuffs
| 手銬

警察的配備，一種銬在手腕上，限制行動的工具（也可以在情趣用品店買到）。跟剛剛認識的人發生一夜情（one night stand）、或分手性愛（breakup sex，而且你是甩人的那個）、或以前被你負心過的人做愛，這時候出現手銬和其他綁縛（bondage）工具都是非常不妥的警訊。

此外，金屬手銬可能會造成皮肉傷，最好使用情趣專用塑膠軟質手環，會比較輕鬆舒適。

H

hanging out
| 一起混

一個描述性愛或交往過程的概括性名詞，而且定義故意搞得很曖昧，以便免除感情關係的責任或期待。

例句："Oh, you know Caitlin?"（你認識凱特琳嗎？）

"Yeah, we've been hanging out."（認識啊！我們有一起混過！）

參考：交往（dating）、一起出去（going out）、穩定交往（going steady）、釣人（hooking up）

happy ending
| 快樂結局

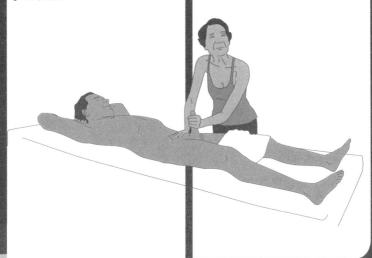

在按摩院（通常位於唐人街）的按摩過程中，按摩師或按摩女郎會順勢按摩到你的生殖器，就像按你的肩膀一樣隨興。一旦接觸到生殖器之後，按摩師的巧手神功，通常會在五到七秒之間，把你的高潮給誘導出來。

又稱：快樂的結尾（happy finish）。

hate fucking
| 洩恨的一炮

和一個討厭的人做愛很煩，但是用全身上下所有的細胞，和一個你所恨的人做愛呢？相當刺激喔！這種事當然不能常做（會讓人沮喪的），但是有時候，心理醫生也會下達這樣的指令：把對方推倒，彼此推撞擠壓，互相扯頭髮咬肩膀，然後在快高潮的時候大吼：「我他媽的恨死你了啊～～」這就像是為你的靈魂灌腸。

he's just not that into you
| 他其實沒那麼喜歡妳

❶ 一本暢銷書的標題，給那些交往時有自毀傾向的女人的自救書，這種女人畢生的理念，全部濃縮在這個標題當中，然後再延伸出整本書的內容。

❷ 為什麼他沒打電話給妳？為什麼他沒有介紹他的朋友給妳認識？為什麼他還沒跟妳上床？原因就在這句話講明了。如果還要詳細說明的話，自己去看一下那本書吧！

heartbreak sex
| 心碎性愛

一種性愛止痛劑。當你被傷得很深，覺得這世界索然無味，擔心自己會陷入顧影自憐的困境，又不希望自己再去想那個讓你心痛的可人兒。這時候，一場刺激的性高潮，或許是唯一的靈丹妙藥，只要先協定好性愛協定（prenook），我們並不覺得這樣做有什麼不好。不過，我們並不建議你每次分手之後，搞這種事超過一次以上。

參考：慰安性愛（comfort sex）、傷痛治療（grief therapy）、「我應得的」性愛（I-deserve-it sex）、擺脫陰影（metabolize）、性愛復健（rebound）

herpes
| 皰疹

一種很流行的……不對！應該說……很常見的感染性病菌。每五個美國人，就有一個人感染，但是三分之一的感染者都不知情，因為許多感染者都沒有出現症狀。而那些有症狀的感染者，就非常痛苦了，他們的生殖器或嘴巴上會有持續一個星期（或三個星期）的續發、傳染、疼痛、分泌物、酸痛等病徵。

這種病症沒有解藥，也沒有疫苗，卻可以經由處方藥物和健康的生活，讓病症得到適當的控制，以便繼續其活躍的性生活。但是，你應該知道「無症狀散布期」（asymptomatic shedding），這種現象很少見，但是確實存在，也無法知道何時會發生。病菌會感染生殖器上的皮膚，使用保險套可以降低危險性，但還是無法完全消滅病菌。真糟糕啊！想知道更多關於皰疹的訊息，可以上這個網站：http://www.ashastd.org/。

H

hickey
| 種草莓

某個有吸血鬼幻想的人，在你身上留下的吻痕。種草莓有一種宣示主權的意味，所以有人覺得逢場做愛（casual sex）時不應該種草莓，最好只在自己的領地搞。一顆小草莓，也許會讓人會錯意喔。所以一定要經過明確的許可，才能在脖子上種草莓。切記不可趁人之危，例如當對方酒後亂性的時候亂喊：「天啊！吸光我的脖子吧！」時。

現在的年輕人，把種草莓當成一種勳章，覺得那就像穿了一件Wham!合唱團演唱會的舊T恤一樣屌。如果你喜歡享受性愛，也不是西裝筆挺的銀行投資顧問或家裡有喪事，為什麼不露個小草莓，炫耀一下呢？

不過，假如這顆小草莓是在心碎性愛（heartbreak sex）之後得到，那就太

悲慘了；若是在或洩恨的一炮（hate fucking）之後，又實在很惱人。如果是在「我應得的」性愛（I-deserve-it sex），或「我還是很有行情」的性愛（I've-still-got-it sex），爽完之後被種草莓，那才真會讓人會心一笑哩！

最後一點要說的是：性約會（sesh）時，若發現對方其實已經結婚了，不用客氣，大方地在他脖子上種一顆超級大草莓，然後一腳把他踢到大馬路遊街！

himbo
| 無腦帥哥

長得帥但是沒腦的男人，是「bimbo」（形容波大無腦的女人）的男人版。

參考：賤婊子（slut）、雙重標準（double standard）

hit that
| 搞她

這是一種很驕傲的語氣，宣布對某個人很有「性」趣，並暗示會給這個人特權得到你的寵幸，而且還要看你有沒有空。字面上的意義就是：「把小雞雞插進女性生殖器」，幾乎只有會戴頭巾帽

子或穿帽T的異性戀男人，才會用這個詞。他們可能覺得說這句話，可以讓他們比較MAN。不過頭腦清楚的旁觀者都知道，這種人晚上只會孤單地在公寓裡，看A片打手槍。

這個字眼還有一個姊妹品，叫做「要她」（tap that），例句：I'd like to tap that ass.（我要那個屁屁。）這種字眼都是喝到爛醉的哥兒們，看不清眼前是啤酒桶還是女人的時候，所說出來的鬼話。

HIV
| 愛滋病毒

這可不是鬧著玩的。現在最大的問題是，大家普遍以為這種疾病是1990年代初期的事。現今醫藥的進步，許多帶原者都活得很好，並沒有像過去那樣相繼死去，因此大家會把愛滋病當成一種可以治療的慢性疾病，就像糖尿病那樣。而且，關於愛滋病的報導越來越少，大家對（較）安全性行為（safe(r) sex）也越來越掉以輕心。

你一定不相信：二十一世紀的初期，從男同性戀族群中檢驗出HIV病毒的新案例不減反增，還穩定地成長中。相對之下，女性感染及共用針頭感染者的情況

則比較緩和。

男同性戀族群感染HIV的比率增加，一部分要歸因於男同志圈「冰毒」（crystal meth）的濫用（很顯然，四天四夜的嗑藥做愛，難免會發生危險性愛，誰會知道呢？）；一部分要歸咎於大家誤以為HIV感染的狀況緩和了，可以大玩特玩了！

現在，告訴你最新的消息吧：美國有一百萬人感染HIV病毒，而且現在仍然沒有出現解藥。有膽就把這件事塞進你嗑藥的煙管，再大大吸一口吧！

參考：〔填空〕屌（**[blank] dick**）、嗑到茫（**booty bump**）、（較）安全性行為（**safe(r) sex**）、性病（**STDs**）、性病倦怠（**STD ennui**）

home game
家庭遊戲

只會坐在沙發上看電視的懶惰鬼，以下是他們的性愛模式：先在家吃個外送披薩，泡個茶，看完最新一季的影集DVD，然後刷刷牙，再用牙線潔牙兩次，穿上法蘭絨睡衣，準備睡個九小時的好覺……突然間覺得慾火高漲。

只好在床上狂call電話炮友（booty call），想盡各種說詞，把對方騙來他

的床上，或者要求對方趕快離開酒吧（bar），去他家陪他「玩」。

親愛的讀者，這就是「家庭遊戲」啊，那可真是個高明的玩家（player）呢！又稱：外送內用（ordering in）。

home-team advantage
| 主場優勢

在你的臥房，或在你混熟的酒吧，給性愛對象深刻印象的事物。本來她以為你是個無腦帥哥（himbo），但是卻在你的床頭櫃上，發現一本杜斯妥也夫斯基的書。或者，他以為你只是個宅男，卻無意間聽到酒保（bartender）提起，原來你是撞球高手。如果你想搞人上床，這就有了主場優勢，你不需要整個晚上擔心到底自己受不受歡迎。不過，優勢也有可能變成劣勢，如果對方是女郎俱樂部的恐龍（coyote ugly），還是先溜為快。

hooking up
| 釣人

這是一個曖昧而無形的字眼，描述感情

和性愛互動，牽涉到關係的建立、期待，以及老式的性別刻板印象。

這個名詞很難具體定義出來，但是如果一定要定義，那就是兩個人之間的逢場作戲，可以是接吻、口交，但是不包括陰莖或假陽具插入。然而，希望強調這種關係的人，即使兩人有性行為，也可能用hooking up這個字。

這二十多年來，hooking up取代了約會（date），成為單身男女主要的感情互動形式。因此這個字眼會讓人有點困惑：對於1965年以前出生的人而言，這個詞只是代表一起出去碰個面；對於X世代的人，則用我們這裡的定義；但是三十歲以下的人，從舌吻到舔屁眼，全部都算hooking up，又稱：fooling around（鬼混）。

hosting
| 來我家

就是來你家過夜做愛睡覺。不管你是不是口交功夫了得，或者性技巧過人，有別人要來你家過夜，還是要盡好地主之誼。這種待客之道並不是只針對你的心上人，所有的一夜情（one night stand）、電話炮友（booty call），甚至自發性的3P（three-way），都要一

視同仁，誠懇以待。

你的性愛後宮裡，必須準備好牙刷（還沒拆封）、保險套（condoms）、牙線、客人用的枕頭，以及潤滑劑（lube）。

此外，有些女生特別在意她們的腿毛或腋毛，事先又沒有預料到這種情況，只好匆匆忙忙地在你的浴室裡翻箱倒櫃想找把剃刀。所以你應該為她們著想，準備一把好的剃刀和剃鬍泡沫膏，放在浴室裡明顯的地方。男人在這種緊要關頭，當然不會在意有點毛渣的腿，但是，有些女孩子就是會那麼古怪。如果你真的很想留給對方一個難忘的印象，做愛後的點心或早餐，是個很好的主意。

此外，當主人的一定要注意一些細節，例如：乾淨的床單、乾淨的浴室、美好的氛圍和有情調的燈光。而且，絕對不要讓對方看到你現任伴侶或前任情人的照片！

例如：廚房地板上的男人內褲、床頭櫃上的便利貼（Post-it notes）、牆上掛的前任情人照片。即使是對一夜情所協定的性愛協定（prenook），或者是炮友的電話號碼，都要小心留意，因為那是相當無禮的。如果你有半夜接炮友電話的習慣，請把答錄機的音量關小。

我們注意到有些綁馬尾的男性玩家（player），還會準備衛生棉，以便他的嬌客不小心大姨媽來了可以輕鬆解決。

最後，如果你請別人來家裡吃飯，絕對不要把紅蘿蔔或馬鈴薯切成小小的心形（這種事曾經發生過）。

參考：風水（feng shui）

HPV
人類乳突病毒

叫他第一名，這是最普遍的性接觸傳染病。超過75%的美國人都曾感染過HPV，無論他知情或不知情。這種感染很難被發現，很多感染者都沒有症狀出現，所以很難被篩檢出來，但是病毒還是會四處擴散，視個人免疫系統而異。

HPV有許多不同的品種，有些會在外生殖器長疣，危險性並不高；有些會造成只有顯微鏡才看得出來的內在或外在細胞病變，有時候甚至會導致癌症（大部分都是女性）。這種疾病雖然無法治癒，但是如果有規律的生活，被感染的細胞和皮膚，可以因此而好轉和控制，不會再續發。

無論你有沒有在玩一夜情，只要你的性伴侶以前有過一個以上的性伴侶，就有機會會遇上HPV。若想得到更多這方

面的訊息，請上：www.ashastd.org。

參考：（較）安全性行為（**safe(r) sex**）、性病（**STDs**）

humor
幽默感

如果你不覺得逢場做愛（**casual sex**）很有趣，你就是沒抓到竅門。講真的，人總得放鬆自己啊！如果你需要有人提醒你這種事有多好玩，下次胡搞的時候，看一下自己高潮的表情吧！

hypnosis
催眠

利用高強度的暗示，以及感受性的誘導，把人帶入一種人為的睡眠狀態。專業的催眠，會讓人在潛意識中，感覺自己更加性感（或許因為被催眠之後，會覺得自己的咪咪又大了兩號）。可悲的宅男，會在網路上買一套催眠工具，肖想催眠女孩子跟他做愛。如果他真的做了，在他的潛意識裡，恐怕只會覺得自己比以前更肉腳吧。

參考：把妹達人（**pickup artists**）

I-can't-believe-it's-not-boinking
「真不敢相信我竟然沒有搞到」

有如體驗性交、口交（oral sex）或肛交（anal sex）般的美好感覺，只是，一點也不好。這種東西，可能是：長達一個多小時的按摩（可能有個快樂結局〔happy ending〕，也可能沒有）、一份膩死人的巧克力甜點、創高中畢業之後最長時間的接吻紀錄，或者是喝醉酒之後的乾磨蹭（dry humping）或愛撫。

這種過程幾乎是「女人的專屬品」，而情境中的男主角，以為馬上會有好康發生，以為這是慢工出細活，以為好戲在後頭，以為他是第一個享受到這種待遇的人，然後驚訝地對自己說：「真不敢相信，連接吻都那麼有趣了，我竟然沒有搞到！」

異性戀的女孩，會非常隨性地營造出「真不敢相信我竟然沒有搞到」的情境。她們礙於玻璃天花板（glass ceiling）、害怕得到性病（STDs）、也不想要只有五分鐘的抽插；於是，女孩會把酒吧（bar）裡認識的男孩帶回家，好好地讓他愛撫一番，給他一點自尊心，然後打開門，請他們打道回府。這並不是因為女孩存心耍人，或者想守

住最後防線，而是因為，這就是她想要的啊！謝謝你啦！

參考：藍球（blue balls）

I-deserve-it sex
「我應得的」性愛

經過一段很長的性愛乾涸期，或者經過了很不順利的一天之後，用做愛來提高你的自信和自我評價。而做愛的對象，通常都是你並不想搞的人（不是已婚就是太醜）。

"I'll call you"
「我再打電話給你」

這是約會結束的時候，最常被濫用的句子。咱們打開天窗說亮話吧！如果你跟人家說「我再打電話給你」，通常就是不會打了。勇敢一點嘛，就跟人家說些比較一般，沒有承諾意味的話也好，例如「我玩得很開心」、「有空再見」或者「謝謝你幫我舔屁眼！」

如果你急著要落跑，連話也來不及說，至少也應該寫封email，或傳個簡訊（text message）給人家，告訴他：「我玩得很開心」、「有空再見」，或

「謝謝你幫我舔屁眼！」做人必須誠懇親切啊！

不過坦白說，如果有人對你說「我再打電話給你」，結果都沒有打來，應該不是他弄丟了你的電話，或者他家突然有人過世，或者他跑去參加保護熱帶雨林的街頭運動被抓進監獄，或者被什麼大事耽擱了。不死心的話，你就打電話去問問看啊！

十年前的電視節目中，曾經有人真的弄丟了心上人的電話而悔恨不已，但是從那時候起，這種浪漫的狗屁故事，就再也沒發生過了。所以，睜開眼睛向前看吧！不要真的跑去打電話，那樣做只有自取其辱！

參考：他其實沒那麼喜歡妳（**he's just not that into you**）

I've-still-got-it sex
| 「我還是很有行情」的性愛

這種性愛，是為了向世界（或你自己），證明你還是很性感、帥氣、身材保養得當、仍然年輕貌美、富有冒險精神，即使你其實已經又老、又肥、又醜、又無趣。

IM
| 即時通

即時通（instant messaging）的功用就是，一登入電腦之後，別人就會馬上知道你在線上，然後傳這樣的訊息給你：「今晚有空嗎？」所以，即時通的帳號只能給你的密友和情人，道理就在此。你可能覺得在線上互相秀屁眼（assholes）給對方看沒什麼關係，不過如果對方用即時通對你承諾（commitment），你真的能接受嗎？建議你還是等彼此談好要穩定交往（go steady）之後，再把對方加入好友名單吧！

Internet
| 網路

革命性的科技，主要功能就是讓人可以更簡單而匿名地尋找性，包括：線上色情、線上情色、性愛聊天室，以及網路交友。擁有電腦、寬頻、數據機的人，互相結合起來，形成了這個虛擬網路社區。

所以，41歲的德國人阿敏梅威德，會在網路上找到43歲的柏納尤根布蘭德，約出來去他家，把他老二切掉，

➡

再一起煮來吃掉，然後再把他殺掉（譯註：這是2001年轟動一時的殺人案件）。科技萬歲！又稱：資訊高速公路（Information Highway）、WWW（World Wide Web）。

參考：線上交友（**online personals**）

Internets
▎網路們

和前一節的意思一樣，但卻是老一輩的人，沒有把概念弄清楚而誤用的結果；或者是不敬業的網路小子，在討論電腦科技的時候，故意用來諷刺。

註：這個詞來自美國總統布希的口誤，他把「Internet」講成「Internets」。

intimacy lite
▎輕鬆的親密關係

如果你曾經和你的電話炮友談情說愛，或者跟你的一夜情（one night stand）互牽雙手，那麼你一定很了解這種「輕鬆的親密關係」。條件是：雙方都能接受親密關係中的「輕鬆」性質。每個人有時候都想要抱抱（cuddle），即

使是最激烈的承諾恐懼（commitment-phobe）者，也會懷念互相依偎的感覺。

承諾恐懼者最容易陷入輕鬆的親密關係，這傳遞了很複雜的訊息：因為你說的是一套，做的又是另一套，而你的伴侶會選擇聽他們最想聽到的。當然，你或許會同意性愛協定（prenook），覺得性愛沒什麼大不了；但是，一起吃個早午餐（brunch）又違反性愛協定了嗎？這本書並沒有這麼說喔！但是許多感性的年輕人確實會這麼認為。

這些人不肯相信，一個人有時只是希望身旁有個人幫他一起完成填字遊戲，或者想要有人陪他一起吃早午餐，因為，他所有的好朋友們，都在和他們的親密好友一起吃早午餐，或者一起逛花市。這個瘋狂的世代啊（誰？我們嗎？不可能啦！）如果有誤解輕鬆的親密關係的狀況，男人通常都是被指控的，或許因為男人大部分都是承諾恐懼者。

感情的交往不應該只是得到免費牛奶（free milk），也要聽聽對方吐苦水呀！但是，如果你敢發誓你和你的炮友（fuck buddies）都喜歡做愛後一起去逛超市，我們可沒有阻止你們去逛冷凍食品區（frozen food aisle）喔！經常搞輕鬆的親密關係的人，也叫做性愛試吃員（sampler）。

J

jealousy
| 嫉妒

一種綠眼魔鬼。這種怪物，並沒有芝麻街的怪物布偶那麼好玩，也不至於恐怖到把人嚇死。稍微的嫉妒，其實還滿可愛的。有人認為嫉妒是野蠻、不文明的行為，是不安全感和占有慾的表現。但是，嫉妒就和自慰一樣，90%的人都承認自己有過嫉妒的經驗，其他10%說謊。如果有人從來就沒嫉妒過，那麼很可悲，他根本就沒有真正愛過。

judging
| 武斷

一種自以為是的可憐想法，總是想著別人為什麼行為和你不一樣，想法和你不一樣，連做愛也做得和你不一樣。

juggling
| 耍弄

這是一種高明的技術，巧妙地處理多重感情／性愛關係，卻不必說謊欺騙，不會傳錯簡訊，更不會在做愛的時候，不小心叫出別人的名字。

參考：開放性關係（open relationship）、多重性關係（polyamory）

jumping the shark
| 跳鯊魚

這個詞的意思是指，你早就該結束這段關係，卻多花了幾個小時、好幾天、好幾個星期，甚至好幾年。

這個用語的來源是七〇年代美國電視劇《歡樂時光》（Happy Days）裡的幾個大學生，劇中的馮斯（Fonzie）踩著滑水板躍過鯊魚滑水的可笑情節，原本企圖挽救收視率，但是並沒有成功。

從此這個字眼就變成了一個專有名詞，表示某個流行文化現象開始走下坡。就像瑪麗亞凱莉演了《瑪麗亞凱莉之星夢飛舞》（Glitter）之後，名聲一落千丈。

在感情關係中，如果你和你的盲目約會對象已經聊到：「你的降落傘是什麼顏色的？」你就該知道，跳鯊魚的時候到了。若你和你的一夜情（one night stand）對象之間，有人開始：抱怨保險套、硬不起來、嘔吐、脫掉衣服後大笑、只顧自己爽，或建議玩尿，這時也差不多開始要跳鯊魚了。

如果你和電話炮友（booty call）見

面，兩人並沒有幹到天翻地覆日月無光，反而一起把深夜節目給看完了，也趕快跳鯊魚吧！至於，你和你的情人之間，如果對方嚼食物的聲音你很想給他一拳，唉！你們的關係，已經在跳鯊魚囉！

們很有可能會搞起來。

你們到底在《一ㄥ什麼啊？難道你們沒看過《當哈利遇見莎莉》嗎？

just friends
| 只是朋友

這是一個帶著防衛性質的用語，描述可疑的柏拉圖式的友誼。如果你們真的「只是朋友」，你們就絕不會「只是」朋友，不是嗎？因為如果你們真的只是朋友，你們就是「朋友」。句點。「只是朋友」這個詞，暗示著你們的關係被外界質疑，於是你被迫（對你的朋友／「朋友」／伴侶／父母）堅持你和他／她之間「只是朋友」。

吼，拜託！你可以跟我們坦白沒關係，你們真的「只是朋友」嗎？請不要太激動……「只是朋友」並不代表你們兩個已經上床，只是暗示著你們的關係有一點點……嗯……這樣說吧……複雜。

可能因為：a）你們曾經搞過；b）你們兩個人當中，有一個曾經想過要搞對方；c）你們兩個都知道，將來一定會搞起來；d）你們經常在一起，所以你

J

karma
▎造業

一種東方哲學信念：如果你瞞著我，把
皰疹（herpes）傳染給我，你就會發
生可怕的報應，然後老二被剁掉。

key party
▎鑰匙宴會

❶ 瑞克·慕迪（Rick Moody）的《冰
　風暴》原著小說，或者李安改編電
　影中的情節。描述七〇年代的美國
　郊區居民，和你的鄰居伴侶通姦的
　行為。慕迪小說中的鑰匙宴會，充
　滿著陰謀、欺騙、謊言、酗酒、餐
　點，以及悲劇性的死亡。
❷ 一種你父母絕對沒參加過的宴會。
　真的！我們會騙你嗎？
❸ 一個廣為流傳的郊區傳奇，可能真
　的發生過，也可能只是不實傳聞。

kiss
▎接吻

這是最完美、堅固、具有象徵意味和預
言意味的性愛行為。我們敢跟你打賭，

如果你們很享受接吻的感覺，一定會更
喜歡彼此間的肉體衝刺。然而當一段感
情快要跳鯊魚（jumping the shark）的
時候，最先做的一件事，也是接吻。沒
錯，這些都是我們是從電影《麻雀變鳳
凰》中學來的。

kiss & tell
▎性愛告白

洩漏自己的性經驗。女孩子做這種事的
時候，是一種親密結合的經驗、一種感
覺的分享、性愛技巧的經驗交流，以及
人類性行為的探索；而當男人把自己的
性經驗講出來的時候，他只是想吹噓他
幹美眉時有多猛，希望自己的性能力，
可以把他朋友嚇到屁滾尿流。簡單的
說，就是「一堆屁話」。

K

kissing bandit
只玩親親的美眉

❶ 通常是美國南方的女孩，名字有兩個字，用一槓連接，例如：南西一克萊兒，或者安一瑪格麗特。她在中學的時候，身材略微矮胖，但是並沒有肥到被其他孩子欺負；她也有些身材曲線，但是卻還沒有資格跟男孩交往（dating）。她的粉紅色褶裙，比其他人的大三倍。

高中畢業之後，她進了一所還不錯且歷史悠久的南方大學。在大學的第一年中，室友傳授她瘦身絕招，於是她體重減了十公斤，這才發現，其實自己還蠻可愛的。

她也學會了賣弄自己的可愛，吸引男孩子的目光，跟他們調情，再甩掉他們。喝了太多健怡可樂之後，她領悟到，和男生接吻是那麼的簡單又有趣，而且，完全沒有熱量，不會發胖。

大學二年級那一年，她非常需要每天晚上和男生接吻至少一次，好提醒自己是多麼的可愛。當然，她從來沒有跟男生一路玩到底，因為她想把第一次獻給某個特別的人。

❷ 會玩「真不敢相信我竟然沒有搞到」（I-can't-believe-it's-not-boinking）的女孩。

❸ 嗑搖頭丸的人。

參考：蛋糕派對（**CAKE party**）、皰疹（**herpes**）

K

L

ladies' man
淑女之男

① 淑女之男都喜歡女人。他們擁有喬治克隆尼的魅力，但並不一定擁有喬治克隆尼的外表。而淑女之男共同的特色，就是他們對自己的性吸引力很有自信。他們會大方地跟女生調情，沒有什麼特別的目的，只因為他們喜歡把女生逗得花枝亂顫。

淑女之男可以讓一個80歲的老太太感覺自己像個少女。他們會對女生大獻殷勤，討好賣乖，而且（幾乎）都是非常誠懇的讚美。他們似乎天生就對女人感興趣，也知道如何逗女人笑、讓女人開心、知道女人脆弱的地方、知道女人都期待自己被異性渴望。

他們會公開而認真的宣告：「我愛女人」（一個嚴重的缺點）。而且，他們真的愛女人（複數的女人）。也因為他們的情感對象沒有焦點，若把他們放在一對一關係中，他們會非常痛苦。但是，淑女之男還是比玩家（player）、無賴男（cad）或羅傑道傑（roger dodger）好很多，這些人從來不會為調情而調情。

而玩家那一類的臭男人，調情的目的就是為了打炮，他們能得手並不是因為他們有魅力，而是因為他們都是混蛋（assholes），我們都知道，沒用的女人，才會覺得這種男人無法抗拒。

反觀淑女之男，他們真的會和女孩們上街血拼博感情，而不是和他的狐群狗黨去酒吧（bar）鬼混。玩家、無賴男、羅傑道傑可能都在酒吧裡釣名模辣妹（參考：名模性愛〔modelizer〕），而淑女之男卻懂得欣賞女人天生的特質，他們不喜歡誇張的奢華裝扮，卻喜歡女性自然的胸部、翹臀、曲線，以及女人的感情。

他們會是女人最要好的死黨，尤其當妳身邊沒有太多男同志的時候。每個女孩都會有「男同志密友」，但如果找不到這樣的朋友，淑女之男是妳最好的選擇。只不過淑女之男如果變成男朋友，可能會不夠體貼，不夠迷人，教人失望。

但是，我們實在無法不喜歡這些淑女之男，例如：比爾柯林頓、柯林法洛、阿飛（Alfie）、湯姆瓊斯（美國歌手），以及米蘭·昆德拉的小說《生命中不可承受之輕》中的托馬斯。

❷ 當一個男人年紀太大，無法再當玩家；或者他老到很難再被稱作玩家，這種情況下，可以說他是個「淑女之男」。

ladies' night
| 淑女之夜

❶ 一個只有女士（扮女裝的男性也算）才能參加的團體，女性同胞們團結在一起，彼此誠懇交心，為破碎的心療傷，透過舞動身體，宣洩內心的創傷或愉悅（女性特別的需要）。

淑女之夜也是一個藉口，讓妳盛裝出席，最後卻一把鼻涕、一把眼淚，訴說著妳內心最深的恐懼或罪惡（例如，妳五年前搞上了姊妹淘的男友）。這也是一個機會，用妳的行頭把男人的威風給壓下去。（當然啊！這還是得看妳花了多少置裝費，如果有好男人滲透進來，搞不好會被這男人給搶去風頭呢！）

參考：準新娘派對（**bachelorette party**）、手提包（**handbag**）

❷ 典型的酒吧（bar）宣傳手法，提供女士免費入場，以吸引男人光顧，因為這些男人以為女生都會喝到爛醉，讓他們有機會得逞。

lady-killer
| 淑女殺手

玩家（player）或大玩家（playa）的老式用法。

last call
| 最後一輪

酒保（bartender）宣布：各位女士先生，交換電話號碼的時間已經結束了，現在應該開始打炮友電話（booty call）了。專屬接線生（designated dialer），準備就位了！想搞一夜情的，簽好性愛協定（prenook）了嗎？大家注意，請把小費交給酒保，大方一點，每個人都要給，否則別想活著走出去。好吧！現在要去哪兒續攤呢？

又稱：魔法時刻（the witching hour，因為在這種時候，你很有可能帶一隻恐龍回家）。

參考：女郎俱樂部（coyote ugly）

last wo/man on Earth
史上最後選擇

你這輩子絕對不願意跟他上床的人。每個良好國民都知道他親密好友的「史上最後選擇」（例如未成年、毒蟲、還和父母同住的人）。這些人都是在喊了最後一輪（last call）之後，還在酒吧賴著不想走的人，這是可以理解的（或許也是最無法理解的）。

但是在茫到鬼遮眼（beer goggles）的影響下，又身處在這個超級恐怖的熊市（bear market）中，你朋友很可能會把「史上最後選擇」帶回家。這時候，你一定要盡一切努力阻止他：不管是用格鬥技撂倒他、假裝你氣喘發作，或（在「史上最後選擇」的聽力範圍內）爆料說你的朋友長陰蝨。有什麼賤招，全部使出來吧！

L

layaway
性愛投資

❶ 為了搞到某個人，跟他上床，所投資下去的時間、工夫、金錢、除毛費等等。例如：你是個毛茸茸的嬉皮，卻喜歡上了一個白種的雅痞，於是你的變裝計畫可能就包括：刮鬍子、剃毛、櫥櫃裡放些名牌服飾、晚上喝琴酒加杜松子酒，目的都是為了在你中意的人前面，增加性吸引力。

❷ 存錢找高級應召伴遊。

❸ 在外地搞（out-of-towner）。

little black book
花名冊（過時用語）

❶ 在舊世代，快速撥號（speed dial）、電子郵件（email）、即時通（IM）以及個人助理都還沒有出現的年代，那些淑女之男（ladies' man）、玩家（player）、超級大玩家（playa），以及約會男女們，都需要一個地方來保存他們的電話號碼。因此，就有了這本花名冊。

96

花名冊最大的好處，就是可以避免酒醉亂打電話（drunk dialing）。在你走到公共電話的途中，你一時的衝動已經緩和了下來，於是你比較想吃一片披薩，喝杯熱牛奶，或者回家睡覺。

❷ 我們活在一個數位世界裡，使用「花名冊」這個古老字眼的時候，通常都是在暗示你的情人（luvva）或你性愛圈（rotation）的電話號碼。例如：「最近你的花名冊裡有誰啊？」。

❸ 你的炮友計算（body count）。

loopholing
| 鑽漏洞

和前一個性伴侶逢場做愛（casual sex）（參考：回鍋性愛〔returning to the well〕），或者和一個新的性伴侶發生體外性交（outercourse），目的只是為了保持炮友計算（body count）的數目（這樣做不是因為嗜好，不是為了享樂，也不是因為容易上手）。又稱：低能（retarded）。

參考：肛交（anal sex）

LTR
| 長久關係

Long-term relationship，長長……久久……的關係。（拜託！這種少數民族。）

lube
| 潤滑劑

一湯匙的「蜜糖」，可以讓保險套更好穿戴（如果滴一滴在裡面），也可以讓保險套更好衝刺（如果滴幾滴在外面）。

lucky underwear
| 幸運內褲

你的祖母說的對：你該穿件好內褲。因為，你晚上搞到人上床的機會，總是比被車撞到，穿著內褲被送上救護車的機會大（雖然你的媽媽一直要你跟醫生結婚）。「幸運內褲」，就是「好內褲」。這條內褲會讓你激凸、提臀、散發性感魅力。

幸運內褲，並不只是讓你「得分」的工具，它是你身上的一包上等大麻，讓你

L

➡

發光發熱。但是，幫我們一個忙吧！把好戲放在後面。如果我們先看到你低腰牛仔褲上面露出來的三吋內褲，或因為你尿尿完拉鍊沒拉，讓我們看到你的白色內褲的話，所有的樂趣都沒了。

參考：破壞劇情（**plot spoiler**）

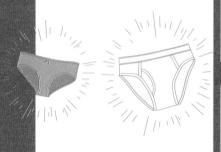

LUG
（lesbian until graduation）
Ⅰ 畢業前的女同性戀

幾乎一半大學女孩都曾經驗過的性傾向。在高中的時候，她們的定位是異性戀。和足球隊長約會時，很順從地接受他在他老爸的古董汽車後座，笨拙地對她們上下其手。上了大學之後，她們修了女性研究課程，受到法國女性主義女同志啟發，開始對同性愛產生好奇，也就是說，對女人的嘴唇和身體感到好奇。

她們帶著新獲得的解放，徹夜狂飲，酒醉之中，終於和同性的女孩子接吻（舌吻），以：a）滿足好奇心；b）藉此挑戰傳統的家庭觀念；c）挑戰社會限制下的「規範」，創造美麗和諧的新世界。但是一旦她們長大，穿上婚紗的那一刻，這個階段就煙消雲散了。

luvva
Ⅰ 情人

所有「lover」的錯別字中，這是我們唯一可以接受的。

marking (your) territory
| 劃地盤

❶ 在別人的臉上或床上射精。

❷ 在伴侶身上種草莓（hickey），而且種在衣服遮不到的部位。

❸ 把個人衣物（尤其是內衣褲）、照片、盥洗用具或私人用品，留在性伴侶的家裡，對你的性伴侶和其他的來訪者宣示：「在這個家裡，我是個重要的性配備。別小看我的權力，也別忽視我的影響力！我明天還會再來，要想我喔！」

❹ 把自己的學校胸針或球隊夾克送給某人，或者交換定情物、買件有自己風格的衣服給對方（而不是對方的風格），再刺個代表速配的刺青。

masturbation
| 自慰

這個字的意義就是：永遠不用說抱歉。也表示你：永遠不用再等電話、永遠不用言不由衷地跟別人說：「我再打電話給你（I'll call you）」。不用再走羞恥大道（walk of shame），

不用在一夜情後故意問對方：「你叫什麼名字？」、不用先講好性愛協定（prenook）、不用假高潮（fake）、不用等到喊最後一輪（last call）時才慌亂地找人、洗澡、刮鬍子、換上格鬥服……然後躡手躡腳離開屋子、不用因為害怕把身旁的史上最後選擇（last wo/man on Earth）吵醒，心裡懊悔著：「怎麼會這樣？」

只要懂得自慰，上面那些事情通通都不需要啦！而且，如果你無法「愛自己」，怎麼能期待別人來愛你呢？這是基本心理學啊！

自慰永遠可以隨身攜帶，無論你是好幾個星期沒做愛，或是有兩個電話炮友，卻還想偶爾找個一夜情（one night stand），或是你終於決定要試試看一對一關係（monogamy）。自慰，永遠會是你的選擇之一。

對於女性：當妳逢場做愛的時候，就應該要有心理準備，因為真正能達到高潮的機率微乎其微，所以，妳必須對自己的小妹妹瞭若指掌。一個女人可能要花一個月，才會找到身上最敏感刺激的性感帶，所以，如果妳指望對方在一兩個星期內就掌握妳的身體竅門，那妳一定得幫他們帶路啊！（注意：男人接受指導時，比較喜歡在正面的鼓勵下，溫柔地被指引，他們不喜歡女人尖著嗓門

說：「不是那裡啦！笨蛋！」）

自慰絕對是一種探索自己身體的好方法。和男人做愛，有時可能太過匆忙，反而忘了性愛的美好；而自慰，永遠是美好的。如果妳不覺得自慰是件美妙的事，那一定是妳練習得還不夠，技巧有待加強。

對於男人：出門前打一槍，整天不憂傷。自慰不是罪啊，大哥！這不只是沒有性生活的人才會幹的事，那種觀念啊！十年前就落伍囉！

ménage à trois
| 三人行

法文的3P，或比較裝模作樣的說法。

mercy fuck
| 憐憫性愛

和你不是很感興趣，或者不是真正很想搞的人做愛。你會這麼做，只是因為你可憐對方：他們可能從小學六年級就開始暗戀你，還對你發誓：「只要一夜激情，就可以讓我走出陰霾！」；或者因為他們的寵物死了，你知道他們會付出額外的「努力」來回報；或者這是你把

他們從神秘宗教組織中解救出來的唯一機會；或者他們正處於心碎的時刻（因為你或其他人）；或者他們很久沒做愛了，而且性愛前景一片黯淡；或者他們已經到了癌症末期；或者他們已經30歲了，卻還是處男處女……。又稱：做功德（charity work），有負面意義。
參考：分手性愛（breakup sex）、慰安性愛（comfort sex）、傷痛治療（grief therapy）

metabolize
| 擺脫陰影

把前任情人從生命中丟棄的過程，通常是針對那些被非正式拋棄的人。例句：It took me six months to metabolize that Jezebel.（我花了六個月，才擺脫潔西貝的陰影。）

擺脫陰影的過程中，可能會做出以下的事：在盲目約會的對象面前公然哭泣、在聊天時不經意說出前任情人的名字、提早離開派對、回家查電子郵件看舊情人有沒有回心轉意、在派對上喝得爛醉、開始連環約會（serial dating）、和史上最後選擇之人（last wo/man on Earth）發生心碎性愛（heartbreak sex）、在朋友面前哭個不停煩死他

們、厭惡那些自滿的已婚族（smug marrieds）、加入健身俱樂部、考慮過獨身生活、染上惡習或戒掉惡習、酒醉亂打電話（drunk dialing）給以前大學時代的情人或亂打電話給你老媽（mom）。

Method dating
| 方法演技式交往

模仿你約會對象的個性和特質，一種「去自我風格」的過程。這種做法，會讓你周遭朋友很厭煩，覺得你像隻變色龍，跟不同的人交往就馬上變個樣。例句：我知道你在和法國人交往（dating），我也知道他教你做那個狗屁亂芙蕾法國甜點，但是可不可以請你不要突然給我整天用法語腔說英語。妳以為妳是誰啊？瑪丹娜嗎？
參考：豆腐男女（tofu boyfriend/tofu girlfriend）

metrosexual
| 都會型男

後「酷男的異想世界」世代的異性戀男子，他們愛讀《Esquire》雜誌勝過《Maxim》（譯註：生活名模雜誌），愛讀《GQ》勝過《Stuff》（譯註：3C雜誌），喜歡Nerve，超過《花花公子》。

如果妳是個異性戀女孩，妳帶回家過節的男孩買了一個水晶雕飾當禮物，結果被妳爸爸以為他是同性戀，那麼，他就是個都市型男了。

他會去找髮型設計師剪頭髮，而不是去一般的家庭理髮剃頭，他甚至比妳還了解蜜蠟除毛。他喜歡頭髮挑染，只要確定朋友不會取笑他；他是烹飪高手，會做美食給妳吃；他會被妳的浴室嚇到：「什麼！妳的浴室竟然沒有玩具小鴨鴨？」

IKEA是絕對拒絕往來戶，他家的牆壁一定至少有一面不是漆成白色，而且牆上的海報全都裱框，沒有一張是樂團或美女海報。他不否認自己喜歡生命中美好、所謂女性化的事物，他會是個淑女之男（ladies' man），但是他太沉溺在自己的世界裡。

妳可以打個炮友電話（booty call）給他，我們保證他一定會引誘妳進入輕鬆的親密關係（intimacy lite）。因為，都會型男都喜歡談情說愛。

Mikey
好奇麥奇

❶ 什麼事情都要試那麼一次的人。

❷ 心胸狹窄閉塞的人。他們害怕嘗試新的或外來的事物，但如果受到慫恿而下海嘗新，卻又都愛的要死，儘管他們嘴上還在抗拒。

最明顯的例子，就是那些有性別歧視和恐同症、頭戴棒球帽的男生，他們絕不讓女友碰他的屁眼（assholes），因為「又不是在搞gay」。但是某個月黑風高的晚上，當女友悄悄地潛進他的「後門」，給了他一次銷魂的屁眼口交，這男孩就爽翻了天，然後，他就在心不甘情不願的狀況下，變成一個只繫皮帶不穿褲子的屁精。

mile-high club
高空飛行俱樂部

身為此俱樂部的會員，表示你曾在高空飛行中就這麼幹起來。這種性愛帶著誇張炫耀的成分，就像電影《愛妳九週半》（9 1/2 Weeks）那樣，身上塗滿鮮奶油在浴室做愛。我們直覺認為，會幹這種事情的人，90%都是為了要跟別人炫耀。其他如玩3P（three-ways）、玩趴（play party）、舔屁眼，都包括在炫耀事蹟中。

不過，你有沒有看過經濟艙廁所大小啊？如果有機會經常搭乘頭等艙旅行，或許會有在飛機上做愛的慾望，這我們可以理解，但是畢竟這是違反規定的，你可能會被逮到呢！你就不能塞個屁眼塞嗎？塞上7個小時的飛行時間，同樣會爽到不行啊！不過如果你沒準備屁眼塞，那我們就不能讓你碰機艙內的任何東西了。

如果你一定要搞這種把戲，請留在自己的座位上，用毛毯蓋好，等機艙內燈光調暗，空服員也都忙過一陣了，再看看附近有沒有未成年兒童。請低調一點！我們其他乘客，還想安安靜靜地吃一下免費贈送的花生米啊！

MILF
辣媽性愛

這四個字母就是「我想上的母親」
（mother I'd like to fuck）的縮寫。這
字眼並不是指對母親產生性慾。重點
是，我們的社會自然地衍生出這樣的意
識型態：在生育的過程當中，女人的角
色是無性的，因此，看到一個推著娃娃
車的辣媽，那麼具有性魅力，似乎是相
當罕見的；而和這樣的一個女性做愛，
更是一種禁忌。

MILF的原型：電影《畢業生》（The
Graduate）中的羅賓遜太太。而優良
典範則包括：瑪丹娜、麗斯菲爾（Liz
Phair）、演員黛咪摩兒、名模辛蒂克
勞馥，及政治人物希拉蕊。

參考：處女蕩婦情結（**virgin-whore
complex**）

Missed Connections
尋人啟事

對戀愛（romance）的盲目信仰，所發
展出來的一種分類廣告。這是一種主動
製造第二次見面機會的方法，例如：你
在克雷哥表單（Craigslist）或者其他
刊物上刊登一則啟事，描述一個你在捷
運上遇到，卻不在同一站下車的卡其褲
帥哥；或一個你在舞廳裡聊了一整晚，
後來卻跑不見，讓你沒有機會拿到電話
號碼的女孩；或者你一見鍾情，卻羞於
向他表白的健身教練。

這些人會看到你所刊登的那份刊物或網
站，而且剛剛好會讀到你的尋人啟事，
而且剛剛好也會喜歡你，這種機率啊…
…根本是零！你被閃電擊中兩次的機率
還比較大一點咧！

但是，真的有成功的案例喔！我們有個
好友，名字叫安德拉，她在當地週刊上
登了一則尋人啟事，尋找她在超市的冷
凍食品區（frozen food aisle）見到的
一位男子。五年後，他們結了婚，還買
了房子，從此過著幸福快樂的日子。真
是個走了狗屎運的賤貨！

missionary position
| 傳教士姿勢

面對面的性愛姿勢（如果是異性戀，就是男上女下）。下列情況，請考慮使用本姿勢：彼此相愛、你要射精、兩人都是心碎性愛（heartbreak sex）、你們想生孩子、你們又復合了、要拍一部輔導級的電影。

以下情況，請勿採用本姿勢：你不記得對方的名字、早晨性愛（morning sex）、你害怕「我愛你」三個字衝口而出，而這只是一夜情、對方太醜。

modelizer
| 名模性愛

只和名模約會或來往的人，這種人包括：喜歡和異性戀朋友比賽戀愛戰績的年輕帥哥、名利雙收又急著抓住青春尾巴的中年男子、聰明富有，姿色中等，想靠身旁的帥哥來襯托自己的女人。

mom
| 老媽

❶ 下列情況，你應該打電話給她：剛被人甩掉的時候、早上起床，領悟到這世界上沒有人愛你的時候、第一次約會需要經驗指導的時候、為新歡料理大餐的時候、超過兩個星期沒有和她說話的時候。

但是，當你需要電話炮友（booty call）指導、得了性病（STD）或者你喝醉的時候，千萬別打給她。

❷ 一夜情（one night stand）過程中，絕對不許提到的人。

❸ 此人的照片應該貼在冰箱上，而非放在床頭櫃的相框裡。

money shot
| 鈔票鏡頭

色情片中的高潮戲碼。男主角會把老二抽出來，讓大家欣賞他射精時老二的色澤、龜頭的質地、勃起的特徵、射精的力道、精液的黏度、噴射的距離以及勇猛的衝擊力。

看到這畫面時大聲尖叫：「給我看到鈔票……鏡頭吧！」（Show me the money...shot!），一定大快人心。

譯註：「Show me the money」是湯姆克魯斯在電影《征服情海》（Jerry McGuire）中的經典台詞。

monogamy
一對一關係

這是自然的，這是催化性的（我們來做吧！）、這是合邏輯的、這是習慣性的（我們做得到吧？）、這是感性的關係。最重要的是：性愛是你我之間的事，又自然又美好，並不是每個人都能定下來，但是他們應該試著去做。當關係是一對一的時候，性愛才是最棒的。
參考：喬治麥可（Michael, George）

moped
電動腳踏車

是那種「騎」起來很棒，但卻不想在公開場合被看到你們在一起的人。

M

morning sex
早晨性愛

破曉時分的性愛（如果你是SOHO族，那就大約是中午之前）。這並不只是新婚夫妻的專利，某些逢場做愛的伴侶，也有可能做這種事，尤其是約會性愛（appointment sex）時，在早晨清新的氣氛下，舒舒服服地來一場性愛。喜愛輕鬆的親密關係（intimacy lite）的人，也喜歡來這一套。

有時候你早上醒過來，很開心地發現自己昨晚並沒有陷入茫到鬼遮眼（beer goggles）的悲劇，於是高高興興地再做一次，以示慶賀。假如你是個一夜情狂人，喜歡對方的身體的感覺，覺得「為性而性」沒什麼不對，你這種人或許也會喜歡「早晨性愛」喔！

不管你的理由是什麼，我們建議你用狗狗式（doggy style），早晨性愛應避免使用傳教士姿勢（missionary position），因為剛起床難免有口臭！

mourning period（for the dumpee）
哀傷期（被甩的一方）

在這段時期中，你要擺脫陰影（metabolize），忘掉過去，哀悼你這輩子（或許）再也不會和這麼特別的人做愛了。你會假設這個人不是你的真命

天子,也不是你的「性愛」天子。你會蟄伏一個星期,每晚吃麥當勞,不想洗頭,下午的時候喝廉價的酒,看一堆愛情喜劇或真槍實彈的色情片。

然後,你進入了前復原期,開始自我調適,幫助一些比你不幸的人,並反省自己的交往(dating)過程中,到底出了什麼問題。你跑去剪頭髮,進行慰安性愛(comfort sex)、傷痛治療(grief therapy)、心碎性愛(heartbreak sex)、「我應得的」性愛(I-deserve-it sex),或「我還是很有行情」的性愛(I've-still-got-it sex),這個時期大約會持續一個月。如果你還有點骨氣,絕對不要去搞回頭性愛(take-me-back sex)。

順利的話,兩個月後,你已經重拾自信,準備好重新出發,你或許可以好好的畫下句點(closure)。但是小心啊!這動作的反作用力,可是比火箭發射還厲害喔!

(metabolize),好忘掉那個被你傷害、為你心碎的人,這段時間或許會長達……兩天吧!真有夠短!我們並不是在指控你,我們只是在說,甩人的人比較懂得解脫的訣竅,也比較容易從傷痛中復原。

當然啦,你會哭個24小時,思考你到底是怎麼回事,為什麼無法去愛一個真正愛你的人。但是隔天早上,你上班途中又發現一個好貨色,於是又恢復了本性。這段哀傷期也是一種體貼。沒有人希望看到負心人,幾小時之內又生龍活虎,所以當你和新歡在街頭晃蕩的時候,務必保持禮節。

你也可以考慮換個交友網站,或者換個帳號(人在國外的話,就不用管這什麼哀傷期了)。如果你確定自己真的非常小心謹慎,那麼隔天就大搖大擺的上街去吧,但請至少在一個月內,別出現在你前任情人或他朋友們經常出沒的地方。別抱怨了,兩個月不去唱KTV會死嗎?

mourning period (for the dumper)

哀傷期(甩人的一方)

在這段時期,你也要擺脫陰影

Nerve Personals
| Nerve徵友

Nerve.com網站上的線上徵友。Nerve.com是個以性愛和流行文化為主題的網路雜誌。我們倆曾經在那裡工作，設計了一些問卷調查，問些像「＿＿＿是性感，＿＿＿是不性感」這類過時的問題（哎呀！不好意思啦！）

Nerve一直以文化春宮為定位。Nerve的網路交友，也帶給讀者一種幻覺，讓讀者覺得自己在尋找性愛方面，非常時髦又幹練（和成人交友網站〔AdultFriendFinder.com〕相反）。

Nerve交友的業務漸漸越做越大，於是Nerve.com轉型成一家科技公司，結合了線上交友科技，以及其他以使用者為主的網站，例如：Salon.com、TheOnion.com以及Esquire.com。於是，當一個無可救藥的浪漫乖乖女登入Salon.com的網路交友時，她會遇到所有其他網站的線上使用者，包括掛在Nerve.com上那些尋找低廉、無謂、匿名性愛的網友們。意外吧！

在2005年，FriendFinder公司（就是擁有AdultFriendFinder.com的公司）買下了Nerve.com。真是風水輪流轉啊！

nice-guy syndrome
| 好男人症候群

這是一種對「好男人」的迷思，以為好男人都不做愛。男人都希望女人有「陽具崇拜」，同理，肉腳男也希望女人會有「好男人症候群」。

那些社交笨拙、天生膽怯又有口臭的男人，都會把「好男人症候群」當作藉口，用來解釋他們可悲的性史（sack record），而不願意檢討一下自己走向絕路的原因。他們不努力，不知長進，不設法改善他們的炮友紀錄（body count）。

男人啊！不要把空虛、懦弱和善良混為一談。其實女人都清楚得很，一個好男人，要體貼、坦白、誠懇，這樣的男人才性感。

如果有個女人告訴你「你真是個好人」，她一定是太善良，不好意思告訴你她不想和你約會的真正理由；再不然她就是個自我厭惡的神經病，只能和混蛋（assholes）約會。前述的第二種女人，你最好別理她，等她們變成熟點，或看過精神科醫生之後再說。真正的女人，是願意和好男人打炮的。

參考：規模經濟釣人術（**economies of scale**）、把妹達人（**pickup artists**）

nookie
努嘰努嘰

這個字的意思就是「性交」，只是唸起來太裝可愛，讓人很想吐。

nooner
午炮

❶ 利用上班的午休時間打個炮。你們各自從公司出發，找一家便宜的旅館碰面，在午休的時候，努嘰努嘰（nookie）一下！順便來份薯條吧！

❷ 在某一天的上班時間，和你的同事在會議室打炮，通常都是在一場精彩的簡報之後，用即時通（IM）或MSN相約（記得關掉視窗啊）。

❸ 上班上到一半跑去廁所，把自己關在小隔間裡，打手槍來一發。

note
寫便條

❶ 當你從一夜情（one night stand）或電話炮友（booty call）的床上潛逃出來的時候，應該表現出的好禮儀。你可以潦草地寫個「你昨晚很棒」，或者在床頭櫃上留一佰塊錢紙鈔，不過你得確定對方懂得欣賞你這反諷式的幽默。如果你真的很想再跟他見面，可以留下電話號碼，或者留言寫著「很希望再見到你」；否則，只要寫「我很不喜歡來匆匆去匆匆，但是公司剛剛call我，我得先走了。跟你一起玩得很開心，保重！」這「保重」的另外一個意思就是：「祝你往後的生命幸福快樂！」

參考：便利貼（**Post-it note**）

❷ 在擁擠的酒吧（bar）裡，對某人表示愛慕的一種反諷方式。這樣的做法非常可愛，會讓你回想起中學時偷傳紙條的純純戀愛（romance）。

你還可以更有創意，製作一份可以圈選的問卷，例如：「我可以請你喝杯酒嗎？□可以；□不可以；□或許」或者「你會介意跟我跳支舞嗎？□我很樂意；□如果你再請我喝一杯酒，或許我會願意；□謝謝你，我的節奏感很爛。」

nudie pics
┃ 自拍裸照

這是指素人所拍的色情照片，並不是投稿給色情雜誌的那種業餘自拍。我們真搞不懂那些喜歡打毛線、玩賓果的人，你們這些人難道就不想留點東西給未來嗎？你有的是時間，等到你退休後，需要吃藍色小藥丸壯陽的時候，再來搞你那些了不得的嗜好吧！所以，別再打高爾夫、打毛線、烤蛋糕、做剪貼了！做點現在不做以後就沒機會再做的事情吧……拍裸照啊！

重點提示：如果是拍釣人對象（hookup），只可以用拍立得或數位相機拍對方的裸照，這樣大家都可以決定要不要保留這張照片，否則，就要立即銷毀刪除。無論是用哪種相機拍照，都必須拍得讓人無法辨識身分，也就是不能拍到臉。

如果對方說，他已經把有問題的照片刪除了，你千萬別信，因為電話炮友（booty call）根本不會考慮你的名節，只會把色情照片秀給朋友看。你可能當下不覺得有出什麼問題，但是五年之後，你搞不好就是電視真人秀的主角了，而且，你的前電話炮友（booty call）說不定還會把這些裸照賣給「某週刊」呢！（你以為你姑媽不會讀「某週刊」嗎？）

如果你不是很擔心隱私被侵犯，而比較在意美學效果的話，不妨花點時間瀏覽一下自拍網站，看看人家是怎麼拍的！參考一下他們拍的東西吧，有些拍得不錯（有幽默感的屁屁照、柔和的燈光、從上面往下拍）；有些拍得很糟（頭上打強光、從下往上拍、陰毛特寫照、超強閃光燈、花朵圖案的沙發……）擺個好姿勢吧！用拍立得拍的照片（不會留下底片），看起來也很有藝術感。不要拍太誇張的東西，最性感的照片，有時候都是隱隱約約的，並不是赤裸裸的表現。不好的照片，盡量刪除或毀掉，其實你會發現，到最後你會一張也不想留。

自拍最過癮的時刻，通常都是當你們在做愛的時候，直接把攝影機朝著對方拍，然後再把鏡頭轉過來，預覽一下。這張照片可能只會保留一個晚上，只給你們倆私下欣賞，這是你們的專屬特權。

最後還有一點要提醒你，萬一你媽媽沒有教你：即使你拍的是一張普級的照片，你一定要確定每個當事者，都已經年滿十八歲；絕對不要趁人在睡覺的時候偷拍，也不要把人綁起來或蒙上眼睛之後拍（除非你事先得到許可），而且，千萬不可以趁女生入浴的時候，偷拍她的小妹妹，然後再拿去給你的狐群狗黨看，還跟他們炫耀說：「我讓她像個AV女優那樣淫水狂噴。」

N

occasion sex
| 機會性愛

❶ 因為情境的關係而特別火熱的性愛。例如：在停電的狀況下，用傳教士姿勢，努力蠻幹兩分鐘，感覺就好像第一次做愛那樣。

機會性愛也可能是有慶賀性質的，例如：一週年紀念、決定要生個寶貝、希拉蕊選上美國總統、中了大樂透，或換了新髮型；發生了慘烈的事，也是機會性愛的時機，例如：憲法修正之後、阿諾史瓦辛格選上美國總統、寵物死去、或者頭髮剪壞了。

❷ 因為某些事件，導致全國上下搞一夜情（one night stand）和逢場做愛（casual sex）的案例一夕之間激增，例如：大停電、熱浪侵襲、戰爭爆發、橘色緊戒。

off limits
| 終極不搞之人

某個你一輩子也不可能搞的人，例如：傷害你好友／親戚／父母的人、還瘋狂愛戀著你的前任情人、哀求你別再打炮友電話（booty call）給他們，因為他們無法拒絕你的人、或者在主管面前打你小報告的人（如果你無法控制自己想揍他的衝動，想辦法讓他調到別的部門吧）、有一對一關係（monogamy），卻還在胡搞瞎搞的人、不肯帶套套的人、堅持要帶著棒球帽吃晚餐的人。

office holiday party
| 尾牙

耶誕節或過年之前一兩週內，公司為員工舉辦的年度宴會。這種宴會的縱情程度，比起度假中心連假時的景觀還要壯觀。大部分的同事都會像大學時期那樣喝到爛醉，本來互相不爽的兩個人，卻在大樹下接吻起來（如果他們沒先在樓梯間搞起來的話。參考：洩恨的一炮〔hate fucking〕），而且，一定有人會用影印機（Xerox），把他的兩片屁屁印出來。

One Leg Up
| 提腿俱樂部

紐約會員制的群交（group sex）派對俱樂部，正在全國迅速擴張，讓每份

報紙、雜誌、週刊紛紛「報導告發」這種雜交（orgy）派對的復甦。拜託一下，雜交從來就沒有消失過，哪來的復甦啊！欲知道更多關於這家俱樂部的訊息，請上www.onelegupnyc.com網站，或收看HBO重播的《真正的性》（Real Sex）。

one night stand
一夜情

和某個性愛伴侶，搞「僅此一次」的性愛，通常都是在彼此說過「真高興見到你」之後的幾個小時內發生。前提是：要先講好性愛協定（prenook）。

你們有些人可能會把下列活動，煞有其事的當前戲玩，例如：在點滿小蠟燭的浴室，來個泡泡鴛鴦浴，或秀出你的論文或詩集、拿起吉他唱情歌。一夜情是短暫且脆弱的，承受不起這麼厚重的浪漫啊！

所以，這些有的沒的，還是留給你未來的另一半吧！因為他們沒別的選擇，只能聽你唱情歌了！此外，若你的一夜情拿手絕活，就是上述活動之一，那你可能會被冠上一些奇怪的外號。而且，如果一個月後，你想搞一夜情的對象剛好是你四月份把過的人的朋友，而你還在

繼續重複搞那一套把戲的時候，他們可是會讓你吃閉門羹的。

一夜情是不帶承諾（commitment）性質的性愛，過程一定要帶套套，氛圍不是很高雅，不要太多，也不要太少。性愛要淫穢，態度要純粹，包袱（baggage）要放下，而且要保持輕鬆愉快的氣氛。不要說任何你正在服用的處方藥品，也不要談你的心理醫生對逢場做愛（casual sex）的看法；倒是可以說說你的性史，因為那事關接下來的性愛是否會有危險。

如果你找不到什麼好話題，千萬不要評論對方的外表，即使你覺得你的形容很「中肯」。但相信我們，這樣做是沒用的，沒有人會喜歡別人對他說「你的咪咪好長得好有趣喔！」或「我從來沒有看過這麼彎的老二！」

正式開始做的時候，別動不動就表現出不爽的樣子。遇到房事不順，只有彼此有感情關係的伴侶才有資格抱怨對方。（即使如此，也應該轉移注意力，不要在意這些負面的東西，更應該感謝對方的包容。）

最後一點，如果你把人家釣來你在鄉下的家裡，就一定要載對方回家，並要送到家門口。幹！我們才不管你是不是上班會遲到！大清早七點鐘，把人家丟在鳥不生蛋的鬼地方，還要她穿著昨

晚派對的大禮服和四吋高跟鞋自己搭車回家，這也太過份了吧！就算你的一夜情對象上班遲到了，你也不可以把他的鞋子藏起來，趁機強迫他再跟你來一場早晨性愛（morning sex），不過對你固定的電話炮友（booty call）倒是無妨。

參考：關於昨夜（about last night）、綁縛（bondage）、性放縱（booty buzz）、約會地雷（deal breaker）、狗狗式（doggy style）、假高潮（faking）、種草莓（hickey）、主場優勢（home-team advantage）、來我家（hosting）、幽默感（humor）、我再打電話給你（I'll call you）、輕鬆的親密關係（intimacy lite）、跳鯊魚（jumping the shark）、最後一輪（last call）、老媽（mom）、傳教士姿勢（missionary position）、機會性愛（occasion sex）、口交（oral sex）、（較）安全性行為（safe(r) sex）

online personals
網路交友

在網路（Internet）上發布自己的個人資料，公開尋找談心好友、畢業舞會的舞伴，或者性代替品（pinch hitter）。線上交往（dating）為那些膽怯、害羞、不善言詞、太忙碌、太老的人，或者在最後一輪（last call）的時候，因為喝茫而無法搞定（close the deal）的人，提供了另一個搞逢場做愛（casual sex）的機會。

很不幸的是，網路交友也為那些軟弱的人、偷吃不想被抓包的人、嚴重禿頭的人、太宅太家居的人，提供了通姦（adultery）的機會。撇開對伴侶不忠這件事不談，我們誠心希望網路交友可以擺脫掉這些污名。

網路交友和徵友廣告（classifieds）不同，它並不是寂寞芳心或社會邊緣人的最後依靠，它只是讓你在酒吧（bar）釣人之外，還能擴展另一個更大的交友圈。尤其是當你在酒吧喝了四杯馬丁尼，開始口齒不清，呼吸充滿酒臭味，你還站得住是因為有椅子撐住你，在這種可怕的狀況下遇到了性愛伴侶，你還會覺得很浪漫嗎？

說真的，你還在等什麼？找個懂攝影的朋友，幫你拍幾張比本人好看的照片（提醒你，照片別修得太誇張，別讓你盲目約會的對象太失望），再找個文筆好的朋友，幫你擬一份漂亮的自我介紹（不要說你有高超的口交功夫），然後找個有時間的朋友，幫你鑑定那些想跟你交朋友的人。

我們只要求一件事：在自我介紹中，千

萬不要謊報自己的身高、體重、年齡，或者你的徵友目的（找朋友、交往、談心好友、或者是要「玩」〔play〕）。你也別只是坐在那兒，等著性感尤物自動送上門，給我打起精神來！看到感興趣的人，馬上留言給對方！至少把他們加入你的好友名單吧！想想看：規模經濟釣人術（economies of scale）喔！網路交友和傳統釣人一樣，一定會碰到許多不來電的人，但是只要你夠冷靜、有決心，或許你會找到一個和你志趣相投的人呢！（嘿！如果網路（Internet）可以把一個分屍吃人狂和一個想死的人湊在一起，你也可能找到同樣的麻吉啊！）

一開始先用電子郵件安排見面、喝咖啡（coffee）（這個過程可能要先醞釀一個星期，或者雙方各寫了五封電子郵件，看看哪個先發生），你所投資下去的時間才算大功告成。

注意：對方也在投資他們的時間，所以你一定要準時赴約，這是基本禮節。還有，如果對方不是你的菜，你還是有義務和他一起相處45分鐘，不能故意「碰到」朋友，要朋友來解救你；另外，這45分鐘之內，你必須保持專注，不可心不在焉（除非對方謊報身體重年齡）。

即使你們本來就約好要玩（play），或在MSN上早就聊得慾火高漲，不管你們以前在網路上打得有多麼火熱，真正見面之後，你都沒有義務要假裝對他興致高昂，甚至在臉頰上親一下都沒有必要。

參考：成人交友網站（**AdultFriendFinder. com**）、克雷哥表單（**Craigslist**）、Nerve 徵友（**Nerve Personals**）

open relationship
| 開放性關係

一種高度進化的情侶關係。就是說，雙方的關係當中，已經不再有嫉妒（jealousy）的成分，他們彼此相愛（無論那代表什麼），卻允許對方和其他人發生一夜情。（順便說一下：若是私底下互相欺騙對方，並不算是開放性關係。）這種關係的基本概念是：愛與性應該是分開的，人類不可能被限制在一對一的關係中，你也不可能占有控制另一個人。而且，六〇年代就是個很酷的世代。

開放性關係有各種可能性，伴侶之間需要經過清楚的協調，以達成共識，決定他們獨特的愛情法規（rules）。有些伴侶只允許對方在外地搞（out-of-towner），有些只允許每個月第三週的

O

週末，找第三個人來家裡玩。

參考：多重性關係（polygamory）

oral sex
口交

❶ 一張充滿慾望和愛意的嘴巴和性器官的接觸，所演化成的一種性愛模式。青少年、美國前總統柯林頓、以及住在紐約公園大道上的有錢小姐們，都覺得口交「不算」做愛，不能列入炮友計算（body count）之內。現在的少女們（甚至二十幾歲的小姐），似乎很喜歡把嘴巴放在任何一種有韌帶的東西上；然而許多成年女性則覺得，在一夜情（one night stand）搞口交，有點太過親密了，所以這檔事絕對不可以強求。

男人們！別把人家的頭粗魯地推到你的胯下，然後說：「幫我吸！」好像對方是個尿壺；也別強迫自己彎下身說：「相信我，這會是你最棒的一次。」（其實，無論什麼狀況下，都不要說：「相信我，這會是你最棒的一次。」）

女人啊！也不要把男人的頭硬往下推，然後命令他：「給我吸！」除非對方喜歡妳那種一代女皇的架勢，或是你們又在玩「女暴君與小男奴」的遊戲。如果妳的伴侶想吸妳，他們自然會把頭低下去。要求人家幫妳吸，實在有夠卑賤，而哀求別人幫妳吸，更是賤賤賤。

❷ 在網路交友（online personals）的自我介紹中，永遠不能提到的東西（除非是AdultFriendFinder.com）。那些會這樣說的人，大部分都搞不到。時候到了，口交自然會來，不用事先乾著急。

參考：上壘（bases）、顏射（facial）、（較）安全性行為（safe(r) sex）

orgasms
性高潮

男人很想從娛樂性愛（rec sex）中抽身而出的東西；女人呢，卻希望從這種東西中得到自我評價、自信膨脹（ego boost）、腎上腺素分泌，找尋冒險感覺、戀愛感覺、神秘感，肯定自己的性感魅力、感官魅力……你還可以盡量列舉。

在娛樂性愛（rec sex）的時候，一夜情的男伴，通常都沒有時間找到女人的性感帶，所以女人都不會把得到高潮擺

在娛樂性愛的優先名單中。

orgy
雜交

這種東西在這幾年出現了一個更普遍的名稱，就是「玩趴」（play party）。在雜交派對中，大家都會在最後一輪（last call）之前射精（不過，這並不是一種保證，沒射出來的話，也不會退錢給你。）

有些雜交派對比獅子會還有組織（參考：提腿俱樂部〔One Leg Up〕），有些則是因為一時興起而自然發生的，特別是續攤的時候，大家嗑了藥，現場又有許多不到30歲的好奇雙性戀（BUTs）。有組織的「趴」，可以達到完美的電話炮友（booty call）約會，當下你不會有嫉妒（jealousy）的感覺，也摒棄了一對一關係（monogamy）的忠誠。

如果你已經玩膩了酒吧（bar）釣人，或許你要求的只是廉價、隨興、沒有牽連的性愛，卻又在雷哥貝果餐廳（Regal Beagle，譯註：美國七〇年代電視影集《三人行》中經常出現的小餐廳）中一無所獲，那麼，雜交派對就是最適合你的地方了。

男人應該先有心理準備：在有組織的異性戀雜交派對，需要搞定一個以上的女人，不過這一切都會是值得的。你可以試試看上Nerve徵友（Nerve Personals，如果你住紐約的話）、 ➡

成人交友網站（AdultFriendFinder.com，如果你住在別的地方），或者1069拓峰網（club1069.topfong.com，如果你是同性戀），尋找願意一起玩的同好。玩趴就像玩高空俱樂部（mile-high club），聽起來總是比實際有趣。至少，我們都是這樣自己告訴自己。

參考：抱抱派對（cuddle party）、群交（group sex）、（較）安全性行為（safe(r) sex）、3P（three-way）

out-of-towner
在外地搞

❶ 一個住在外地的電話炮友（booty call），雖然距離把你們分隔兩地，你們卻繼續發展姦情長達好幾個月，甚至好幾年。在外地搞比較像長期固炮（bounce）之間的關係，而不大像電話炮友（booty call）。

參考：擇日再幹（rain check）

❷ 出差在外時，對你的伴侶不忠，或者更糟的情況是，和炮友通姦旅行，卻跟你的伴侶說是去出差。

參考：通姦（adultery），研究一下我們所強調的東西。

❸ 在某些的開放關係（open relationship）中，伴侶間協議彼此必須保持一對一關係，但是在外地努嘰努嘰（nookie），卻是允許的。

參考：性愛投資（layaway）

outercourse
體外性交

這個詞只能應用在異性戀和男同志身上，意指任何一種沒有陰莖插入的性行為。

進行體外性交有很多原因，例如：他們想守住最後一道防線、他們不想增加炮友計算（body count）的數量、他們要降低性病（STD）的危險性（參考：體液一對一〔body-fluid monogamy〕）、他們為〔填空〕屌（[black] dick）而苦、他們不想被當成賤婊子（slut）、他們不想失去愛情優勢（hand）。又稱：除了相幹，什麼都幹（everything but sex，簡寫EBS）。

參考：釣人（hooking up）

P

palate cleanser
▎除味點心

❶ 一種性愛復健（rebound），功用是為了忘掉你剛分手的情人，留在你嘴裡的怪味道（這是個隱喻，不是字面上的意思喔！）又稱：雪酪性愛（sorbet sex）。

❷ 一個你和朋友之間的密語，描述那個和你進行「除味點心」性愛的人。

譯註：palate cleanser的原意，是指用餐時，若前一道菜口味太重，可以在下一道菜上桌前，享用一道「除味點心」，去除口中的味道，而不致於把兩道菜的味道混在一起；也可以把「除味點心」放在整個套餐的最後。而雪酪，則經常被拿來當作清口的「除味點心」。

park, to
▎泊車

這是個古老用語，一種至今仍非常普遍的活動，即年輕情侶開車到一個隱密的地方親嘴，例如去：死巷子、公司的停車場、洗車場（適用於打快炮〔quickie〕）。別把這個字和車床族

（dogging）搞混喔！

party favor
▎派對寵兒

❶ 從派對或夜店帶回家做愛的人。你會帶他回家，並不是因為你們倆在擁擠嘈雜的酒吧中四目相接，馬上煞到，而是你們的穿著擺明就是要找人打炮（參考：幸運內褲〔lucky underwear〕），而且如果今晚你空手而回，你會嘔死。

❷ 某個逢場做愛（casual sex）性質的盲目約會或撮合。紅娘型的朋友喜歡把身邊的單身男女送做堆，還會幫彼此做做介紹，因為這兩個人都很久沒約會了。

這類型的派對寵兒，大部分都出現在朋友從外地來度週末，特別是大學時期或大學剛畢業之後。比方說，你的好朋友剛被人甩掉，亟需一個除味點心（palate cleanser），而你大學室友的籃球隊隊友，剛好適合扮演這個角色。那你就應該多幫他們添酒，偷偷準備好保險套給他們。

參考：代理好康（proxy）

122

phoner
| 色情電話

和一個素未謀面的人玩電話性愛（或許你根本不想跟他見面）。可能因為你隨機撥了一通電話，另一端的人卻用淫聲浪語（dirty talk）回應你，還剛好正中你下懷；也有可能是在網路上認識的。如果你們有真的見到面，那就只是個單純的一夜情！如果你們其中之一，明白表態他不願意參與，那就是個犯罪行為。如果你們當中有人得先把信用卡號碼告訴對方，那不是色情電話，是詐騙。

有些人只是偶然接到，但有些人是真的在尋找色情電話：他們無法招架小廣告上那性感尤物的相片，於是不由自主地

撥了電話，但他們並不知道，原來這通電話是以國際電話的費率收費啊！

不過，有何不可呢？這彷彿是一種奇幻魔法，把廣告上的人召喚出來跟你講話，而且是鹹濕的對話。這是百分百的安全性行為，打手槍的時候有個人陪伴，總是件好事啊！至於從色情電話中所得到的性放縱（booty buzz），請盡情享用吧！

phoning it in
| 空虛性愛

做愛意興闌珊、敷衍了事。性倦怠（ennui）的時期，並不代表你就會暫別一夜情。你會發現你還是想找電話炮友（booty call）或一夜情（one night stand），但這只是習慣使然，並非真正很有興趣想做愛。

這種時候進行的性愛將平淡無奇，你也感覺到自己的動作空洞乏味。你還記得喝到爛醉，然後馬上昏死，完全沒有享受到醺然的美好感覺嗎？空虛性愛也是同樣的道理。又稱：無趣的高潮（boregasm）。

pickup artists (PUAs)
| 把妹達人

這是一個異性戀男性電腦兒童所建立的網站，他們利用催眠（hypnosis）、魔術和心靈控制等方法，讓把妹成為一門學問。他們聲稱，保證一定會對女性產生作用。某位大師級的把妹達人（為數還不少）吹捧道，他們的電子郵件名單，已經高達兩百萬筆，而且還在迅速成長當中。這個秘密組織，規模不容小覷啊。

最近發行的一本書中（尼爾·史特勞斯〔Neil Strauss〕寫的《把妹遊戲》〔The Game〕），披露了這個組織的內部運作狀況，所以這已經不再是秘密了。

書中最精采的就是「糗人」用語，這是把妹達人提出的一種對女性的技巧性冒犯，目的是打擊女性的自信，讓她更加覺得有必要得到你的肯定，例如：「妳穿這雙鞋看起來很不舒服」、「妳這洋裝不錯！我最近看到很多女孩子都穿這件。」還有我們最愛的一句：「妳的手好MAN喔！」

參考：好男人症候群（nice-guy syndrome）、釣人用語（pickup lines）

pickup lines
| 釣人用語

釣人的開場白。如果你想搞人上床，卻還在用「常來這裡嗎？」「你什麼星座的？」或者「你爸爸是當小偷的嗎？」當開場白……不會吧！

我們一直在耳提面命，教你說些比較合宜的開場方式，比方說自我介紹、邀請對方跳舞、幫對方買一杯酒，這樣就夠了。如果你還想得到更有創意的開場，儘管使出來。但是如果你盡使些老梗或說謊，我們會大吐特吐。

如果對方真的讓你想起以前認識的人，就大方告訴他吧。如果她的眼睛真的很美，等個15分鐘再說吧。對他人的恭維，就像《星際大戰》裡的光劍，你得靠智慧去使用，才能發揮最佳效果。所以，路克天行者啊！想釣人可別學你老爸黑武士呀！

參考：陳腔濫調（clichés）、把妹達人（pickup artists）

pinch hitter
| 性代替品

非首選的性伴侶，可能是你分手後的除味點心（palate cleanser）、你性愛乾

涸期找來的電話炮友（booty call）、或是你想玩3P（ménage à trois）時找來的第三者。你不會一直需要這個代替品，除非您慾火中燒，需要有人滅火。如果你的性對象是一群人，代替品就是個標準的團隊領導（team player），又稱性意外（sextra）。

play
｜ 玩

這可不是小朋友的玩，而是成人版的定義：一種非常淫亂，沒有戀愛成份的性愛玩法，從3P（three-way）、一夜情（one night stand）到電話炮友（booty call）都算。

這種玩，相當於二十一世紀的自由之愛（free love）。而「玩」這個字眼，最常出現在網路交友（online personals），尤其是Nerve徵友（Nerve Personals）網站、克雷哥表單（Craigslist），以及許多名稱中有「成人」（adult）或「gay」的網站。如果某人在線上徵友欄上說要「找人玩」，他們絕不只是想用傳教士體位幹個15分鐘就了事，那是不可能的。「玩」一定是要有計畫的玩，通常具有創意、冒險性，並有點搞怪，否則幹嘛

那麼麻煩？

你可以在外面找到一堆沒創意的性愛，跟那些對於固定性伴侶感到不屑的人做。（固定性伴侶的性愛也會古怪有創意，但那不叫「玩」，而是酷！）既然都跨越了忠實伴侶性愛的藩籬，把社會期許丟到一旁，何不享受一點輕輕打屁屁的刺激，玩玩角色扮演或裸體猜謎問答。

play d'oh!
｜ 「玩」了！

一夜情時所發生的錯誤或尷尬。以下是幾個最妙的範例：高潮時叫出「我愛你」三個字；高潮後哭出來（通常發生在心碎性愛〔heartbreak sex〕之後）；酒醉亂打電話（drunk dialing），以為打給前任情人，卻不小心打給你老闆，還在人家的語音信箱留了一段讓人難忘的留言；你原本只想去酒吧（bar）喝杯酒，卻釣了一個美麗的陌生人上床，但不幸地發現自己的內褲很髒；做愛時，對方呻吟地說：「叫我的名字」，你卻忘了人家的名字；在釣人之前先打過手槍，還在褲襠留了一小片衛生紙。

play party
| 玩趴

符合當代精神，有組織、有計畫的雜交。請翻到雜交（orgy）一節，研究更深度的定義，再翻到群交（group sex）一節，補充資訊，然後再翻到提腿俱樂部（One Leg Up）一節，參考範例。請不要埋怨翻來翻去很麻煩，這可是一場性冒險啊！

playa
| 大玩家

這種玩家（player）戴著金項鍊、聽阿姆的歌、整天講手機吵死人、滿嘴嘻哈口音，其實說不定是在偏遠的小鄉下長大的。

playa-hata (alt.: player-hater)
| 玩家終結者

❶ 一心想替天行道，於是以實際行動破壞玩家計畫的人。玩家終結者的守護神，應該是翠麗菲卡（Terrifica）。她是本世紀初，一位三十多歲的超級女英雄，戴著金色假髮、金色面具、紅色胸罩，和一頂紅色頭套。在紐約的酒吧（bar）中，經常可見到翠麗菲卡的蹤影，她會尋找酒醉的女孩，把她們從玩家（player）的魔掌中救出來。（這是真人實事，不是我們編出來的喔！）

❷ 女性主義者。

❸ 沒來由地嫉妒玩家的人，只因為他們自己沒有能耐在派對上搞到人上床。

playdar
| 玩達

在一夜情中，和gay達（gaydar）相對應的東西。當你的第六感告訴你，這位在舞池內和你乾磨蹭（dry humping）的人，可能會同意你的淫蕩建議，不論對方可能是個身穿連身衣褲，腳穿暖襪套的性代替品（pinch hitter），把你當平衡木騎上身；或者只是去你家「一路玩到底」（參考：上壘〔bases〕）。玩達並不會影響到性愛協定（prenook），卻會讓你更有機會找到中意的人。

player
| 玩家

花樣很多的人（典型的男人），這種人通常會故弄玄虛、假裝愛你、喝醉的時候占你便宜，或跟你說他只剩下三個月可以活了。又稱：羅薩里歐（Lothario）。

註：英國劇作家尼克勞斯·洛爾（Nicholas Rowe，1674-1718）的悲劇《由衷的懺悔》（The Fair Penitent，1703）中的男主角，他是日內瓦的貴族，也是一位不道德的紈絝浪子。

pleated pants
| 打褶褲

把這種東西穿在身上，你永遠也別想搞到人上床。

plot spoiler
| 破壞劇情

❶ 低腰牛仔褲上方，露出三吋的內褲褲頭。
　參考：幸運內褲（lucky underwear）

❷ 第一次約會時的性愛唬爛王。

❸ 女的才拉開拉鍊，男的就射在她手上了（高中之後就很罕見了）。

polyamory
| 多重性關係

在多位伴侶之間，維持長久的性愛或感情關係，這種人通常都有以下特徵：靈活擺動的馬尾、臉上蓄鬍、印花染色衣服、Teva運動涼鞋、恩雅全集、水晶項鍊和浴室裡的植物。

搞多重性關係的人，和玩家（player）或偶爾玩3P（three-way）的人不一樣。多重性關係的人彼此間互相承諾，但不是以一種占有、掌控的方式。

不要把多重性關係和多配偶關係混淆，

➡

後者是可怕的男性教徒，有很多十幾歲的太太……；然而多重性關係的人，卻是很隨性的平等主義者，通常都是雙性戀，大家就像個大家庭一起生活。

開放性關係（open relationship）的人，也和多重性關係一樣排除嫉妒，只是前者比較有格調。

Post-it note
便利貼

一種黃色的自黏便條紙，最適合性愛之後寫便條（note）之用，例如在床頭櫃上留個「感謝你的熱情！」也可以俏皮一點，例如「下次我會對準冰淇淋的杯子！」指的是某些不怎麼浪漫的東西，可能沾到他們的枕頭上了。也可以簡單方便地在冰箱上留個：「親愛的，你的潤滑劑該補貨了。」

但是如果你要學《慾望城市》（Sex and the City），用便利貼跟人家分手，就實在有點不妥了。

Call Cindy and John
about tonight's
spouse swap

＊打電話問Cindy跟John今晚要不要玩換妻

posterity poke
奉子女之命做愛

為了傳宗接代的性愛，在一夜情中並不多見，除非是在找代理孕母。又稱：生殖（reproduction）。

prenook
性愛協定

性愛協定比較是一種誠懇的溝通，並不是要簽署洋洋灑灑的十幾頁條文。這種協定，囊括了彼此的意圖和性期待（sexpectations）。

如果這個人你沒興趣再見面，就不應該把人帶回家做愛，還承諾你們會有一段美好的關係（暗示性的承諾也不可以）。如果你的電話炮友（booty call）希望把你變成男友或女友，你得盡快把他從電話炮友名單中刪除。

性愛協定沒有所謂的標準版本，畢竟，說出「我們只搞一夜情吧！」或「我們別再連絡了，好嗎？」這種話，是非常煞風景的（如果你用幽默的方式來說，可能會有效）。

性愛協定就像色情片，看了就會知道。在某些性慾高漲的狀況下（例如：在墨西哥海灘勝地度春假，或在佛羅里達海

邊參加年度大會），性愛協定都是一種默契，不用說出口，彼此的共識就是你們今晚要搞，而且要很狂野地搞。

然而，有些性愛協定則是反向操作，如果可能做不成，得事先講明才行，例如：a）如果你有勃起障礙，走進臥室之前最好坦白招供。b）如果你只想親親抱抱，最好先暗示。（雖然說，每個人都可能視情況而改變決定。我就是在說你們這些約會強暴者啊！）反向的性愛協定，可以讓雙方趁早收兵，去別的地方找樂子。

上呢？比如，在酒吧聊了一整晚，故意不去問他的電話號碼；在她家門口接吻個幾小時，然後自己搭公車回家；或者，把對方帶到你家去「乾跑」（dry run）。

我們知道這樣做很古怪，很像是1950年代的求愛方式，但是你們都了解這樣做的目的並不是為了互定終生、吵醒鄰居或進行無承諾（commitment-free）的性愛。

primer
無性愛前戲

這是什麼啊？沒聽說過。說正經的，就是和一個還沒跟你上床的人，進行一種沒有實際性愛的前戲。這並不是隨便玩玩（game playing），因為你並不是為了要取得愛情優勢（hand），只是想把好戲留在後頭。這並也不是在交往（dating），你們根本沒打算，只不過是在酒吧（bar）喝了幾杯，和幾個朋友聚會，或打完保齡球之後，湊在一起罷了。

追求的過程中，互吊胃口還挺好玩的，所以為何不把這種樂趣，多延續幾個晚

proxy
代理好康

❶ 性愛中比較次等的狀況，但結果可能比你預期的還好。假設你和伴侶想出了一個玩3P（three-way）的鬼點子，但是你可能不喜歡：隨便找個性代替品（pinch hitter）來玩、3P後三個人一起吃早餐的感覺或玩趴（play party）的後遺症，尤其你們剛看完《桃色交易》（Indecent Proposal），正和伴侶爭執著黛咪摩兒到底該不該和勞勃瑞福上床。於是你們決定改去派對，你在派對裡看上了一個正貨，一群人正圍著他調情。突然你們四目相接，還一起溜進廁所耳鬢廝磨了一番。在你

➡

跟伴侶回家的路上，你談起如果找
剛剛那位正貨一起加入，不知道會
有多美妙，你們一直講一直講，一
路講到床上。這就是所謂的代理好
康3P（three-way）性愛：沒有拒
絕、嫉妒、愛情法則（rules），也
沒有尷尬的早餐。

❷ 你有沒有過曾經遇到某個人，然後
想：「如果我再年輕一點、如果我
單身、如果我不是和被他甩掉的前
任走那麼近，我一定會帶他回家做
愛。」然後你開始當紅娘，趁機和
他調情，也很努力地把你一位條件
還不錯，卻口風不緊的朋友介紹給
他，讓這位朋友把他當成派對寵兒
（party favor）帶回家。隔天，你
再把這位朋友約出來吃早午餐，聽
他描述一堆鹹濕的細節。在這種狀
況下，你就是經由proxy代理到了好
康。

參考：早午餐（brunch）

pull, to (British)
拉分（英國用法）

只想上床，並不想要電話號碼。

quality control
❚ 品管

逢場做愛（casual sex）中確保品質水準的機制，嚴謹而性活躍的單身男女，特別需要隨時檢驗。一個自我要求甚高的品管員，一定會隨時備妥新的保險套；有體液交換的行為之前，一定會先去檢查HIV；絕不假高潮，還溫柔地提供有建設性的建議（例如對吻功很糟的人，或是很不會吹老二的女孩）。

quarterlife crisis
❚ 四分之一人生的危機

❶ 二十幾歲的年輕人最恐怖的經驗，就是當他們踏出單純的校園，進入紊亂的現實世界，完全不知道如何找房子、做飯、找份好工作。

❷ 同樣的道理，也可以應用在娛樂性愛（rec sex）方面：二十多歲的年輕人最恐怖的經驗，就是脫離可愛友善的年輕人社交圈，進入可怕嚇人、充斥著謊言、神經病和好色之徒的慾望世界。他們不知道如何申請包含生育控制的健康保險，不會寫出色的徵友廣告，也不知道如何安排一場不會喝醉酒的約會。

quickie
❚ 打快炮

刻意在十分鐘內結束的性愛（抱歉，哥哥，早洩不算喔！）如果你是史汀（Sting），打快炮可能要花一個半小時。這通常都是突發狀況，例如你在趕時間，或者有親戚馬上要來訪。

女性雜誌中，常把打快炮當作性生活的簡單調味料，很適合想替性愛增添新意，卻不知如何下手的長久伴侶嘗試。初戀情侶或一夜情伴侶，則應該要多多享受長時間性約會（sesh）的好滋味，多花點時間認識彼此的身體，因為「新鮮」就是最好的調味料。

quirkyalone

| 獨身癖

簡稱QA，連環約會手（serial dater）的相反詞，是單身族（singleton）的一種類型，這類人並沒有自信心的問題，只是很享受一個人的單身生活。

根據QuirkyAlone.net網站，QA並不排斥談戀愛，只是覺得沒有必要為了有人可以陪她在婚禮上跳慢舞，就跑去跟人交往。換句話說，QA是一種隨遇而安的賤婊子（slut）。把一群QA聚在一起，就會組織成都會部落（urban tribe）。

rain check
| 擇日再幹

一種對於可能在未來發生的性愛約定。例如：你打炮友電話（booty call）跟你的性益友（friend with benefits）約炮，卻得知他已經決定和他的新伴侶嘗試一對一關係（monogamy），於是，你給了他一個「擇日再幹」的機會，如果他們拆了，你們還可以在未來繼續當無牽掛炮友。（如果他們修成正果，你也別指望會拿到結婚喜帖。）

參考：長期固炮（**bounce**）、在外地搞（**out-of-towner**）

rebound
| 性愛復健

分手後，和一個新性伴侶的性愛。這個名詞涵蓋許多性愛狀況，包括：心碎性愛（heartbreak sex）和除味點心（palate cleanser），也可能包括傷痛治療（grief therapy）、這是「我應得的」性愛（I-deserver-it sex）和「我還是很有行情」性愛（I've-still-got-it sex）。

搞性愛復健，對象一定要是個帥哥或正妹才行喔！

rec sex
| 娛樂性愛

快樂地騎乘，無論你是騎人，或者被騎，都是在快樂的氣氛下進行。rec sex是recreational sex的簡寫，這種性愛純粹以爽快為目的，換句話說，如果你是在低潮、心碎或憤怒下做愛，就不算真正的娛樂性愛。說實在的，任何感情關係之外，雙方你情我願的性愛，或更多人一起玩的性愛，都可以說是娛樂性愛。

娛樂性愛也有副作用，例如：心碎、嫉妒（jealousy）、困惑或性病（STDs），只是當你在做的時候，根本不會想到未來，因為此刻的你正爽到不行。一般來說，娛樂性愛等同於快樂的逢場做愛（casual sex），尤其是在剛賣出第一本小說、中了大樂透、或拿到退稅支票之後，最容易發生。請參考本書的前言。

reciprocation
| 性愛回報

別人幫你抓背之後，你再幫別人抓回去。這裡的「抓背」（back scratching），是一種委婉的說法，

➡

其實意思是「給人一個驚天動地的高潮」！很多年輕情人（luvvas）都誤以為逢場做愛（casual sex）就可以不用顧慮性愛回報，於是非常自私地抽插、射精、翻過身去睡大覺，完全不顧對方有沒有爽到。

你要知道，受人點滴，湧泉以報，這是基本禮儀，而且，好心也會有好報啊！

reference check
▍參考資料

對你想搞的人，徵求第二個評價（你的評價是第一個）。可能你第一次遇見這個人的時候，正茫到鬼遮眼（beer goggles），或許只是因為你已經飢渴了半年，被慾望沖昏了頭，於是你打電話向他朋友打探他的事情、或上網Google他的資料、或下班後偷偷跟蹤他回家，一切都是為了調查他結婚了沒、有沒有訂閱軍事雜誌、是不是每週只有一天可以見面（上述行為都是約會地雷〔deal breaker〕）。

參考：乾跑（dry run）

Rejection Hotline
▍拒絕求愛熱線

二十一世紀最偉大的發明之一。只要撥這支電話，就會聽到一則語音留言。給你這支號碼的人，並不想給你他真正的電話號碼，理由可能是：你不是他的菜、你有口臭、你又古怪又自大……。這個熱線的網址是RejectionHotline.com。它提供一種公共服務，讓你在不用跟對方面對面的狀況下，輕鬆擺脫掉你不感興趣的追求者，優雅地避開可能的尷尬場面；另一方面，被拒絕的人，也可以在家裡或其他私密空間，得知這個壞消息，免除在公共場合遭人拒絕的難堪和可笑。

此外，這支熱線不會發生沒人接電話的情形，也不會有什麼「如果……」的可

能性，因此被拒絕的人不會還抱著一線希望地猜測「我大概打錯電話了吧」。拒絕求愛熱線出現之前，大家都用亂寫假電話號碼的伎倆，而現在最常被用到的，就是這支熱線了！

參考：假電話（**faux no.**）

reputation
| 壞名聲

❶ 電影《火爆浪子》（Grease）中，麗西所承擔的後果。但我們覺得，和一兩個男生約會並不算最壞的事；更壞的，其實是欺騙、說謊、偷竊，或看政論節目。

　　參考：調情（**tease**）

❷ 在一個公平正義的世界裡，壞名聲表示你在城裡胡搞瞎搞到處睡，不遵守性愛協定（**prenook**），傷了一堆人的心。

❸ 在一個不公平不正義的世界裡，壞名聲表示一個女人為性而性，尤其是當她非常遵守性愛協定的時候。

　　參考：雙重標準（**double standard**）、玻璃天花板（**glass ceiling**）、賤婊子（**slut**）

retrosexual
| 復古性愛

R

對打炮的態度，還抱持著五〇年代的想法。這種人絕非搞怪的酒保，亦無貓王的狂野（年輕的貓王），所以，復古性愛者一點也不酷。

他們至少會有下列一種想法：約會時男生一定要付帳、婚前性行為是罪過（除非你是男人）、女人不會享受性愛（或者不需要享受性愛）、陰蒂高潮是可憐男人的陰道高潮、同性戀是一種病、前戲（**foreplay**）大約需要10.5秒、女人的性愛職責包括煮飯洗衣與腳底按摩。

returning to the well
| 回鍋性愛

和你前一個性伴侶做愛，因為他很好上，而你也夠懶。

又稱：沾兩次（double dipping）、前任性愛（ex sex）、藍色資源回收桶（blue binning）、資源回收（recycling）。

reunion
| 同學會

❶ 高中畢業五年、十年或二十年後，老同學再度相聚。你可以（大部分時候都會）和以前的籃球隊長或啦啦隊隊長，在舞池內接吻，以前他們從沒正眼看過你，然而現在，他們至少有下列狀況之一：離婚、發胖、禿頭、憂鬱症。

❷ 大學畢業十年或二十年後，老同學再度相聚。你可以和以前的情人上床，順便炫燿你的近況。

❸ 大規模家庭聚會，你可以（希望你不要）用手指插你性感二表弟的屁眼。

revenge sex
| 復仇性愛

❶ 帶有懲罰意圖的性愛，目的是為了報復在感情、肉體和金錢方面的創傷。例如：你的合夥人騙了你一筆錢，於是你誘騙他的伴侶，用針孔攝影機拍下你們做愛的畫面，然後發給公司email名單上的每個人。
或者，你大學時因為被男友嫌太胖而被甩，十年後，你勤上健身房，練就一身魔鬼身材，在同學會（reunion）後，你把他約到旅館，先是挑逗他，讓他脫光光，然後狠狠嘲笑他的小雞雞（這種情節大多都發生在某些人豐富的想像，或午間劇場裡，實際上真正發生的機率極低）。

❷ 由過去的傷痛中所造成的潛意識性動作，在電影《當哈利遇見莎莉》中，比爾克利斯托堅持認為梅格萊恩應該要和別人上床，好擺脫掉前男友，梅格萊恩在片中如此回答：「這根本是兩碼子事啊！我和別人做愛，就表示我擺脫了喬伊嗎？哈利，你一定要搬回紐澤西，因為你在紐約跟每個人上床。我並不覺得你這樣做，可以漸漸忘了你的前妻。再說，如果我要和人做愛，那是因為我想做愛。絕對不是像你那樣，好像做愛是為了復仇。」
參考：洩恨的一炮（hate fucking）、羅傑道傑（roger dodger）

ring finger
| 無名指

左手小指旁邊的那根指頭。大家要注意看那根指頭上，有沒有一塊金屬，或者

一塊沒被曬黑且稍微凹陷的皮膚。如果這樣的男性自稱是開放性關係（open relationship），你應該去他的房間，問他《道德浪女》（The Ethical Slut）這本書是誰寫的？如果他沒聽過這本書，他就是在說謊；如果這樣的女性自稱是開放性關係，她應該是說實話。

有些已婚男人認為無名指上的那條痕跡，對單身女郎而言簡直就像24K金的強力春藥（aphrodisiac）。但我們覺得，大部分的女人只是跟他們打情罵俏罷了，她們都知道，這種男人是不會有搞頭的。至於其他那些會去搞已婚男人的婊子，我們要對妳比中指。

roger dodger
| 羅傑道傑

這種人因本身對女性的厭惡、不安全感與心理創傷，失去了（或從沒有過）性

愛的樂趣。於是，他開始搞空虛性愛（phoning it in），更糟的是，還會玩洩恨的一炮（hate fucking）或復仇性愛（revenge sex），只是想證明自己仍然有魅力誘惑（seduction）女性。他們會沉迷於增加炮友計算（body count），好像要向世界宣告自己是個大種馬（而且每天晚上都會上網看A圖打手槍）。

這個名詞來自2002年的電影《震撼性教育》（Roger Dodger）。又稱：大爛人（a total douche bag）。

參考：性倦怠（ennui）、無賴男（cad）、混蛋（assholes）

romance
| 戀愛

在今日，對逢場做愛持懷疑態度的人，所哀悼的一種已逝的交往文化。他們會問：「愛情的儀式、尊重和玫瑰花，都到哪去了？」不過，這完全是觀念問題，想想看下列情形：你今年才22歲、性慾旺盛、喝得醉醺醺、你是個好奇的雙性戀（bi-curious），而且清楚知道自己十年內絕不可能結婚。你對週末冗長的海灘漫步毫無興趣、喜歡泡酒吧（bar）、喜歡跳舞、喜歡做一些會

➡

把你爸媽嚇一跳的事。

仔細想想，你就會發現傳統的戀愛觀不但不適合你，甚至會誤導你。幹嘛為了故做姿態而手牽手散步？幹嘛強迫自己搞不合時宜的一對一關係（monogamy）？當然啦！有人覺得性愛要有點愛情成分（或類似的東西），但是就像你奶奶常說的：麵包上塗奶油，是有很多方法的（雖然我們確定她一定不是在影射電話炮友〔booty call〕）。

此外，愛情總是悄悄地出現在生命中。舉例來說，我們有個朋友名叫莎姬雅，她曾經自我期許：在她定下來之前，一定要和兩個男人玩一次3P（three-ways）。她決定在出國旅行時完成這件事，好增添一點異國奇幻感（誰希望去五金行買水管的時候，碰到3P玩伴呢？）

於是，當她去墨西哥度假的時候，在一個充滿泡沫的舞池裡看上了A君，她上前自我介紹，幾分鐘後，他們開始熱情擁吻，這時她的眼睛又掃到A君的朋友B君，於是對他說：「想玩3P嗎？」（莎姬雅的玩達〔playdar〕真是發達！）

在酒精、熱浪和異國風情的作用下，三人達成了協議。B君在整場性約會（sesh）中充滿自信，A君卻顯得有些羞怯。莎姬雅還因此對A君做了特別的暖身。隔天晚上，莎姬雅又約A君出來單獨約會。鏡頭快轉到三年之後……A君馬上就要成為莎姬雅的老公了，他們把這段相遇過程做了大幅修改，打算說給他們的父母以及未來的子孫們聽，但是每隔幾個月，他們就會把那天晚上的經歷拿出來調侃一番，感覺那一夜好像仍然是那麼的奇幻——這簡直是玩3P的代理好康（proxy），太難以置信了。這故事告訴我們：a）別以為你對某人的第一印象，就會是你對他的最後印象；b）只要是有美好結局的故事，都是浪漫的愛情故事。

room of one's own, a
I 自己的房間

❶ 一個象徵性字眼，比喻一個人的精神、肉體、情感自慰的空間。你今天有「自愛」嗎？沒有嗎？快上樓去啊！你以為吳爾芙（Virginia Wolf）整天窩在樓上只會寫東西嗎？

譯註：《自己的房間》〔A Room of One's Own〕為英國作家維吉尼亞·吳爾芙的著作。

❷ 大學生的經典釣人用語：「我有沒
　有跟你提過，我室友現在不在家⋯
　⋯」

rotation
┃ 性愛圈

參與某人的情人（luvva）小圈子。例
句：「我剛把查德加入我的性愛圈，看
來我得犧牲瑜珈課，挪出一些時間給
他。」這個字眼，幾乎是美國ABC電
視台真人秀節目《黃金單身漢》（The
Bachelor）的專利。劇中女孩會說：
「常有男生打電話給我，要求加入我的
性愛圈」。
一個「有性愛圈的人」，就像《黃金單
身漢》的那種女孩，很可能隨口說出一
些很賤的話，例如：「別因為我太美而
恨我！」或「別因為我們在妳臉上潑硫
酸而恨我們，賤人！」

rules, the
┃ 愛情法規

❶ 這是艾琳和雪莉這兩個邪惡的女
　人，在暢銷系列著作《愛情法規》
　（The Rules）中所設計的一套約會

規則。她們的狗屁文章，都在教女
人如何抓住男人。如果妳不願意大
膽地走出去、不想努力讓自己幽默
風趣、不想有開心美好的時光（或
美好的性愛）、也不想和禿頭、肥
胖、愚蠢以外的男人約會，那妳就
去遵守艾琳和雪莉的規矩吧。
她們的書中充滿這種智慧，告訴妳
「普通男人」對「普通女人」會有
什麼反應，她們所謂的「普通人」
是指大多數的人，但是從她們文章
中提出來的建議和觀點脈絡中，
「普通人」卻是指「無趣、乏味、
平庸」的人（可別把我們跟她們相
提並論）。
作者用一種很危險的邏輯，讓妳相
信她們的金科玉律。她們說：「不
要問為什麼，相信我們就對了！」
我們偏要問：「憑什麼要相信妳們
呢？」啊！沒錯，我們是不該問
的，人家的宣傳文案寫得很清楚，
保證有效，無效退費，簡直比減肥
廣告還神。
啊，什麼？還是沒人送妳定婚戒指？
那妳一定是錯過了愛情法規第625
條：「絕對不要違背或扭曲愛情法
規。」還是沒有遇到白馬王子嗎？
一個遵守愛情法規的女孩，「不會
因為找不到男人而心灰意冷，覺

➡

得她必須犯規，才能找到男人。她必須相信，夢中的真命天子，無論有沒有上網，一定在某個燈火闌珊處。她該做的就是遵循愛情法規，保持耐性，白馬王子一定會出現。」

批評書中藐視女性和抬舉男性的言論，是沒有任何意義的，因為作者在第五頁就已經擺明承認那種討厭的性別歧視觀念。但我們就是吞不下這口氣！書中說：「職場上的同工同酬、女性平權，並不能改變男人的愛情本性。」但想像一下，男女「本性」的差異，曾被當成決定女性不可工作、投票的理由啊，這種簡化的「男人就是男人」的觀念，正是造成今日種族歧視和恐同症如此嚴重的禍首。（而且，男女同工同酬仍然只是個目標，並未真正實踐。）

艾琳和雪莉要女人「多微笑，少說話」——多說話會顯露妳的「緊張、絕望以及自私，妳話太多反而讓別人沒機會發言……等你們結婚後，妳就可以天天和他說話啦，現在請克制一下，別多嘴。」哈！等你們度完蜜月，寄一張妳老公的照片給我們吧！我們真的很想知道，當妳老公發現原來自己娶回家的女人，

根本不是原來那個啞巴，他臉上的表情一定很妙。

喔！艾琳和雪莉還有個夢想：「我們都希望能在派對上跟旁邊那位可愛的男孩暢談，即使他根本沒有接近我們。但總要對自己想要的東西抱持希望啊！」屁啦！我們才不是活在那種世界裡，慢著！沒錯，我們是，而相信愛情法規的女孩才不是。因為我們可以活在自己建立的標準中，創造新的現實；愛情法規女孩則認為「如果妳無法征服男人，就站在男人那一邊，才能更了解他們。」作者散布這種鞏固保守現狀的兩性關係儀式，無疑是在延續邪惡可怕的性別刻板印象。愛情法規女孩，真是糟透了！

❷ 隨便玩玩（game playing）。

❸ 行為指導原則。你能獲得行為指導原則的地方，只有從我們這邊、雜交（orgy）的團隊領導（team player）身上、開放性關係（open relationship）的對象、或你老媽（mom）。

sack record

▎性史

就是「性關係」的紀錄。

參考：炮友計算（**body count**）、基本資料（**stats**）、性收藏（**collectible**）

safe(r) sex

▎（較）安全性行為

降低性交危險機率的行為。真正的安全性行為只有一種，就是「自愛」（包括互相自慰和色情電話〔**phoners**〕）。而所謂「較安全性行為」（safer sex），每次釣人的時候，你最好好好顧你自己。

說正經的，如果你要玩（**play**）胡天胡地的性愛遊戲，不要把我們也拖下水（就好像我們和你在同一個池子裡游泳，你不要給我亂尿尿）。

我們知道搞一夜情（**one night stand**）的時候時間寶貴，即使抽不出時間去醫院檢查性病（**STD**），也絕對要戴保險套或口交護膜。

我們才不管你的炮友從幼稚園開始就是你哥哥最好的朋友，就算他發誓他從小到大都守身如玉，你還是不能冒這個險。你如果喜歡刺激，可以蒙著眼睛玩

啊！不要相信別人說的性史，即使他表現得很誠懇。

我們周遭有些人（可能都跟我們上過床）已經染上HPV／皰疹（HPV/herpes），如果跟他們一夜情的人不主動要求安全性愛，他們會想：那又何必不打自招呢！可惜這種人身上不會貼個牌子告訴你他們有病，而且，他們可能會裝得特別甜美、溫和、負責、一副沒病的樣子；所以，你永遠無法保證跟你上床的那個人沒有性病。

再複習一次：你不可能從外表判斷出誰有病，誰沒病。他們可能看起來完美無暇、可能是義工、可能常上教堂、聽到髒話會臉紅，但他們有可能刻意保留，或者根本不知道自己目前的健康狀況。

安全性行為是個篩選炮友性愛圈（**booty call rotation**）的好方法。你或許不介意被老古板的一對一關係（**monogamy**）所套牢，但是你的下半身可挑剔的很呢！任何一種性愛都有危險性，而你必須了解到底是什麼危險，特別是：保險套並不能完全保護你。

最後再提醒你一件事，以免你忘記：這種事天天都在發生，很多人為了把人搞上床，可能會謊報工作、住所、說以前曾經見過你、說你的眼睛很美，或隱瞞他的性病狀況。當然，你相處五年的性伴侶，也可能會欺騙你，而不戴保險

套；你在國外旅行遇到的豔遇，更有可能騙你啊！告訴你，這些人都是在賭命！所以大家才會說那是「較」安全性行為。還是套了再上吧！

Samantha Jones

莎曼珊‧瓊斯

《慾望城市》（Sex and the City）的四個主角之一。她是個不知羞恥為何物的賤婊子（slut）、是個逢場做愛的女王，她為了享受性愛而享受性愛，也因此遭到諸神憤怒和譴責，讓她得到了乳癌。她事業成功、獨立又自信、膚淺又自私，也是個承諾恐懼（commitment-phobe）者。她的個性根本就是男人，只不過男人沒像她那樣戴著俗麗的珠寶，挺著一對大奶。

扮演莎曼珊的演員是金‧凱特羅（Kim Cattrall），她最為人所知的角色，仍然是在1987年的黑色電影《神氣活現》（Mannequin）中所飾演的女主角，男主角是安杜魯‧麥卡錫（Andrew McCarthy，不知道現在跑到哪去了）。

凱特羅和她的爵士音樂家老公馬克‧李文森（Mark Levinson）嘗試把她的放蕩形象，用誠懇認真的態度，寫成一本《滿足：女性高潮的藝術》（Satisfaction: The Art of Female Orgasm），從愛、承諾和溝通，推動性愛的探索。

2002年這本書上市後不久，這對有愛、承諾和溝通的伴侶，終於了解到他們無法得到滿足，於是就分手了。從此，凱特羅又開始重新扮演起莎曼珊‧瓊斯了。

sampler
| 性愛試吃員

一個以性愛或感情關係「樣本」為養分的人。有些超級市場會在走道上提供新產品樣本，讓顧客免費試吃。如果你是個小氣鬼（而且不怕細菌），你可以就這樣一路吃到飽：一號走道上試吃水果、熟食區試吃乳酪和火腿、七號走道試吃甜點。你可以不斷循環試吃，盡量避免和店員眼神接觸，吃到了就趕快閃人。

在釣人的世界中，性愛試吃員會利用輕鬆的親密關係（intimacy lite），保持營養均衡，畢竟沒有人希望餐餐都是牛排或漢堡啊。

Schrödinger's date
| 測不準的約會

這種東西有時感覺很像約會，比較貼切的說法應該是：做愛前的一段相處時間。這個字源自物理學家薛丁格「測不準原理」中「箱子裡的貓」（Schrödinger's cat）的譬喻。

（譯註：這是薛丁格所提出，解釋量子物理的著名公案：一隻裝在箱子裡的貓，是死是活是無法確定的，除非把貓從箱子裡拿出來才能揭曉，但是這時候，這隻貓就不再是「箱子裡的貓」了。）

約會，就像這隻貓，是，也不是。在今天單身年輕人的社交圈中，交往（dating）已經被「去你家或我家？」這類的釣人（hookup）模式取代，這類型的人，充斥在酒吧（bar）和舞廳當中。在這種圈子裡，你或許和某人維持固定的性關係，但是你無法確定你們是不是真的在交往。

令人驚訝的是，這個誇張字眼的始祖，竟然來自一群哈佛大學的書呆子，真是學以致用啊！

scope, to
| 勘查

出門巡人（cruise），尋找性伴侶，尋找娛樂性愛（rec sex）的機會，或者玩成人版的偵探遊戲（例如：我在附近公園的椅子上偵察辣媽性愛（MILF）對象）。這字眼通常常用在公共場合，在你喝得很醉時，跟你的跟班男女（wing(wo)man）這樣說：Let's scope the joint.（咱們來勘查一下這個地方吧！）

screen, to
▌審查對象

評估某個人和你的速配指數，這個人可以是你的一夜情（one night stand）對象、男女朋友、電話炮友性愛圈（booty call rotation）等性愛關係中的候選人。評估的模式，可以透過Google搜尋、乾跑（dry run）、性愛協定（prenook）問答或一個參考資料（reference check）。

Second Sex, The
▌第二性

法國女性主義者西蒙波娃在1953年推出的曠世著作，這本書開宗明義寫道：「女人嗎？這也太簡單了！簡化主義的人會說：她就是子宮，就是卵巢。她是個雌性──用這個詞給她下定義就夠了。『雌性』這個詞出於男人之口時，有種輕蔑的含意，但他並不為自己的動物性感到羞恥。反之，要是有人談到他時說：『他真是個雄性！』他會感到自豪。『雌性』這個字眼之所以是貶義的，並不是因為它突顯了女人的動物性，而是把女性束縛在她的性別中。如果男人認為雌性這個字眼即使套在

不會說話的動物身上，也是卑鄙、有害的，顯然是因為女人造成他的不安與敵意。」西蒙波娃真是個……米蘭達！（參考：慾望城市〔Sex and the City〕）

參考：雙重標準（**double standard**）、女性迷思（**Feminine Mystique**）、玻璃天花板（**glass ceiling**）、處女蕩婦情結（**virgin-whore complex**）、無拉鍊性愛（**zipless fuck**）

S

seduction
▌誘惑

說服某個人為你寬衣解帶的行為。誘惑可能包含下列舉動：香檳和草莓（參考：「一定會跟你」〔sure thing〕）、讀詩、無性愛前戲（primer）、輕鬆地調情、頸部按摩、甜言蜜語、甜食、真心的讚美、巧妙的對答、唱KTV。

誘惑並不同於一般人的想像，有些事情是不能做的，包括：過度誇張的藍調音樂（參考：配樂〔soundtrack〕）、大聲朗誦你的情詩、彈吉他唱超過一首歌、喝烈酒、用春藥、送玫瑰花、惠特曼的詩、昏迷藥（Rohypnol）、誇張的甜言蜜語（stalking）。

➡

參考：催化劑（**catalyst**）、規模經濟釣人術（**economies of scale**）

serial dater
❘ 連環約會手

換情人好像在換新衣服，分手的時候，偶爾會掉下一滴眼淚，意思意思一下。如果你喜歡一對一的性關係，卻又還沒準備要定下來，你就是個連環約會手。連環約會手的一對一關係（**monogamy**）都短暫、轟轟烈烈、天雷勾動地火。他們都把包袱放在家裡，喜歡在海灘來個浪漫的散步，而且對於身邊的對象總是不太挑。你知道這種人，就只是喜歡有人作伴。

參考：戀愛（**romance**）、輕鬆的親密關係（**intimacy lite**）

sesh
❘ 性約會

「session」這個字的縮寫，表示兩人（或以上），為了性而見面。這種事（通常）都沒有金錢交易，純粹是為了玩樂，也被用來描述某些特質的性愛，可能是長久關係、約會性

愛（appointment sex）、跟性益友（friend with benefits）的炮友電話（booty call）性愛，或者和你的心理醫生的約診。

例句：I had a great sesh with my shrink yesterday I had a real break-through–all over her face.（昨天和我心理醫生的性約會非常美妙，我有很大的突破，我射了她一臉。）

參考：顏射（**facial**）

Sex and the City
❘ 慾望城市

❶ HBO的電視影集《慾望城市》，你應該有看過吧！這個節目教育一個小女孩，在早午餐的時候是可以討論口交的（參考：早午餐八卦〔**brunch story**〕）。

當心那些喜歡夏綠蒂型的男人，這種男人會每天檢查「玻璃天花板」（**glass ceiling**）；如果這個男人喜歡莎曼珊，那他可能是男同志，不然就是年過五十歲，或者他還沉醉在1987年《神氣活現》的電影回憶中；如果他喜歡米蘭達型的女人，可能是因為他聽說女孩子喜歡自稱是女性主義者的男人，但這種人也

會把手伸進妳的裙子裡；如果他說他喜歡凱莉，可能他根本沒有看過這部影集，還假裝看過，目的是為了讓自己有更多機會搞到人。

女性們也會把影集中的角色拿來比喻自己。例句：「我是非常『凱莉』的」，「我很矛盾，我一半是夏綠蒂，一半是莎曼珊」。請不要讓我們再說下去了！快停止這種無聊的行為吧！如果有個女人和你約會的時候，穿著「我很凱莉」（I'm a Carrie）的粉紅運動衫，你大可不必跟她客氣，馬上轉頭走人。

❷ 某些有趣的釣人（hookup）專有名詞的出處，例如：似曾相識的性愛（dejafuck）、有毒的單身漢（toxic bachelor），我們都很希望有機會發生這些事。

Sex and the Single Girl

| 性愛與單身女子

海倫·葛麗·布朗（Helen Gurley Brown）1962年的暢銷書，內容是關於性、愛和金錢。葛麗·布朗女士生於1922年，37歲才結婚（以今日的交往〔dating〕市場標準來看，當時的37歲，相當於現在的103歲了）；這本書針對五〇年代普遍存在的「把單身女子當成猩紅熱病患」觀念（根據她的用語），提出了反擊。

她曾經擔任《柯夢波丹》的主編，在長達32年的編輯生涯中，不斷地鼓勵女性充分利用避孕丸。她還說過：「好女孩可以上天堂，壞女孩那兒都能去。」啊！過去那段悠遠美好的歲月中，女性站出來尋求性解放，真是值得懷念啊！

S

sex degrees of separation

▍性度分離

這個字眼是「六度分離」（six degrees of separation）的惡搞詞。「六度分離」是一種理論，意思是地球上的兩個陌生人之間，最多只相隔六個人，就可以找到彼此的關連。只要把以上定義中的「朋友」替換成「特別的朋友」（special friends），你就知道「性度分離」的意義了。

性教育學者利用這個概念，警惕年輕人感染性病（STD）的危險：和某一個人發生性行為，等於和他所有的性伴侶做愛。「六度」（six degrees）的概念，是由一位匈牙利作家佛立基·卡林西（Frigyes Karinthy）在他1929年的小說《連環》（Chains）中所提出。

最近的流行文化中也出現了這個字眼，美國女同志影集《拉字至上》（The L World）的劇中有一個角色，用電腦程式排出她的人際關係表，她說：「這些都是我隨機發生的性行為，她們有的是偶遇、交往對象、一夜情（one night stand），有的已經結婚20年了。只要你和一群女同志在一起，其中一定有一個女孩和另一個女孩睡過，而她們睡過

的人,又和其他人睡過,那些人又睡過其他更多的人,依此類推……任何一個你認識的拉子,我都可以透過六個人的性關係,和她產生連結。我們全都連結在一起,你懂嗎?透過愛情、寂寞、或一個微小而可悲的判斷差距,我們都連在一起。」

「六度分離」也是一齣很好的戲劇和一部品質還OK的改編電影,劇本都是由約翰·葛雷(John Guare)所編寫,這是他九〇年代的作品。

「六度凱文·貝肯」(six degrees of Kevin Bacon)則是另一個惡搞字眼,指每個演員都可以用六部電影,連結到凱文·貝肯。同理可證,「性度凱文·貝肯」(sex degrees of Kevin Bacon)就是每個曾經演過床戲的演員,最多只透過六部電影中的床戲,就能連結到凱文·貝肯的床戲。

參考:平等物化機會(**equal opportunity objectification**)

S

sexile
| 性流放

因為室友或樓友需要地方做愛，於是被放逐在外不能回家的人。例句：I've been sexiled tonight.（我今晚被性流放了！）大學室友（特別是男生）通常會先準備好一個表示性流放的通知，例如在門把上放一支襪子或一條髮帶，或在白板上留言：「我這個學期第一次做愛，你敢進來就給我試試看！」

大學後半期的室友，因為大家都熟了，比較會在性流放之前先通知室友，讓他提早準備。不過，在最後一輪（last call）之後，才臨時發簡訊（text message）要求室友性流放的狀況，也時有所聞。

sexpat
| 出國買春

旅行到另外一個國家（通常是貧窮國家、亞洲國家或拉丁美洲國家），唯一（幾乎是唯一）的目的就是從窮苦、營養不良、有毒癮的少男少女身上買春。這些可憐的少男少女，大部分都是在很小的時候，就被父母以25塊美金的價錢賣出去當性奴隸。資本主義真有夠狠！又稱：性旅行者（sex tourist）。

sexpectations
| 性期待

就是某人對你、你對某人，或者你對自己的性愛期待。有些合理的性期待，即使是娛樂性愛（rec sex）狂，也無法反駁，例如：性愛協定（prenook）、保險套（condoms）、性愛回報（reciprocation）、乾淨的床單（至少看起來沒有污漬）。

但有許多其他不合理的性期待，則建立在偏見、刻板印象和小心眼上面，包括：以為你前一個性伴侶可以接受的東西，新的性伴侶也能接受；婚姻是熱情性愛的墳墓；如果沒達到高潮，就是浪費時間；異性戀男人不應該讓東西

進入自己的屁眼；母親都是無性的（參考：辣媽性愛〔MILF〕、處女蕩婦情節〔virgin-whore complex〕）；是男人就應該採取主動（以及所有復古性愛〔retrosexual〕者的信仰）。

還有一些性期待，是你長期累積下來的習慣：覺得自己有一種喜歡的「型」，因此無法和黑頭髮的人交往（dating），或者你無法在私密場合說鹹濕的台詞，因為你從來不在公開場合說髒話。

然而，逢場做愛（casual sex）的魅力所在，就是讓你有機會從自我設限的性期待中解放出來。但是也不要為了要尋求解放就開始劈腿。你只需要在彼此平靜相聚的時候，拿一個新買的球拍，輕輕地拍打他的小屁屁，看看會不會有效果出現。

參考：性放縱（**booty buzz**）、扮裝（**dress up**）、萬聖節（**Halloween**）

sextra
性意外

❶ 超過你性期待（sexpectations）的事物，或是享有性愛的員工優惠（fringe benefit）。例如，你只是去做普通的背部按摩，最後卻驚訝

又開心地達到了快樂的結局（happy ending）。

❷ 一個性代替品（pitch hitter）。

❸ 色情片中的臨時演員。

signs
星座

❶ 代表黃道十二宮的星象學符號，對應一年的十二個月。你出生月份所代表的星座，將決定你的生命歷程和人格，也可以用來決定你和其他星座的人之間的性愛速配指數。如果你相信那套鬼話，我們也可以說，我們有一棟佛羅里達的高級別墅，可以一百元台幣便宜賣給你喔！

❷ EmandLo.com（譯註：本書作者的網站）上，每週固定的愛與性星座專欄。這些星座資訊，聽說都是「真正」的星座專家算出來的，欸，至少網友看得很爽啦。

❸ 七〇年代相當流行的釣人用語（pickup lines）：「你是什麼星座的啊？」如果這句話在以前那個時代沒有效，現在一定也不會有效啦。（參考：陳腔濫調〔clichés〕）

singleton
| 單身族

這個名詞因為《BJ單身日記》的BJ而發揚光大。這是個帶著貶抑意味的字眼,用來形容獨身的人,通常只有女性描述自己的時候才會用這個字。

單身族其實情非所願,她們也經常釣人,但是似乎無法領悟到一個真理:幫男人吸老二,並不能讓男人知道妳有考慮到他是優質男友(boyfriend material)。

參考:自滿的已婚族(smug marrieds)

sloppy seconds
| 濕黏時刻(粗鄙用語)

❶ 和一個剛剛和別人做愛的人做愛,於是當你做的時候,會有一點……濕黏喔!

❷ 和你朋友的性伴侶做愛。

❸ 和一個曾經拒絕你的人做愛。這個人曾經為了第三者而拒絕你的求愛,但是他們卻沒有好結局,於是現在又爬回來找你。

❹ 使用過的舊情趣玩具。

slut
| 賤婊子

名詞,性經驗比你多的人。

參考:炮友計算(body count)、雙重標準(double standard)、道德浪女(ethnical slut)、玻璃天花板(glass ceiling)、壞名聲(reputation)

slut, to
| 當個賤婊子

動詞,進行逢場做愛(casual sex)。

smug marrieds
| 自滿的已婚族

《BJ單身日記》女主角身邊所圍繞的東西。這是一種很討人厭,又非常自滿的夫妻,他們整天就在計算婚禮的祝福,計算他們伴侶所得稅的扣除額,以及布置他們的新房。

他們會這樣,好像生命的意義就是在比賽尋找理想的另一半,而他們贏了這場比賽;好像他們的結婚戒指,可以讓他們跟空虛的性愛遊戲和那些可悲的單身女劃清界限;好像他們的結婚證書,可

以確保他們一輩子幸福美滿；好像結了婚，可以奇蹟般地讓他們變成更成熟、更穩重、更有價值的成年人。

告訴你事實吧：50％的婚姻，最後都以離婚收場。再告訴你一件事：你會帶著婚姻的包袱，孤獨地終老。所以，你們這些沾沾自喜，自以為婚姻美滿的人，通通給我滾開！

snack, to
| 玩親親

跟某人在酒吧或舞池上接吻，並不表示你想跟他要電話、想帶他回家或想跟他玩無性愛前戲（primer），因為有時候你想發神經，有時候你不想。

參考：真不敢相信我竟然沒有搞到（**I-can't believe-it's-not-boinking**）

sober
| 清醒

在逢場做愛（casual sex）的世界中，根本不存在的東西。

social circle
| 社交圈

你的第一度分離，就是讓你有機會認識千百個新朋友的朋友圈。我們應該不需要提醒你，你最多只能和同一個社交圈內的一個人上床，不可超過。

此外，如果有某個跟你同一掛的人，而你打算在社交時間之外也跟對方交往，或單獨跟對方回家，不然就不要和他上床。

這麼說吧，假設你們是同一個球隊的，你不能在星期三練完球之後跟人家回家，又打算在星期六比賽完之後，跑去和敵隊的隊長睡覺。你得先中止你這邊的「曖昧關係」，才可以去和敵隊的隊長睡，雖然這樣子做，也有點罔顧球隊倫理啦。所以啊，在自己的社交圈之外當賤婊子（slut），才是明智之舉。

參考：性度分離（**sex degrees of separation**）

soundtrack
| 配樂

在誘惑（seduction）或性約會（sesh）過程中的背景音樂（或者有接兩個耳機的iPOD中的音樂，就像電影《昨夜情深》那樣）。你婚禮時跳慢舞用的R&B音樂，其實並不夠性感，也不要用時尚爵士（smooth jazz）或恩雅的音樂，至少不要用在逢場做愛（casual sex）的時候，但是和固定伴侶的肛交（anal sex），就另當別論了！

當你和戴護腕的瘦吉他手做愛時，可以放網路電台的獨立搖滾；心碎性愛（heartbreak sex）時，可以放比莉·哈樂黛（Billie Holiday）或艾略特·史密斯（Elliott Smith）的音樂；復仇性愛（revenge sex）則應該放小甜甜布蘭妮（Britney Spears）的歌；3P（three-way）的時候，來點滾石合唱團（Rolling Stones）的搖滾樂；而雜交（orgy）的時候，拿《基督的最後誘惑》（The Last Temptation of Christ）電影原聲帶當背景，會比較適合。

special friends
| 特別的朋友

❶ 性益友（friends with benefits）。
❷ 從好朋友變成情人（luvvas）。
❸ 只是朋友（just friends）。

speed dating
| 快速約會

這是一種高度刺激的馬拉松式盲目約會。一個晚上就排了三十個迷你約會（由HurryDate.com交友網站安排），每個約三分鐘。你當然不可能在這種場合分享你們的夢想，或對上帝的想法；但是這樣的約會，已經足以讓你決定，你們彼此想不想看對方脫衣服。

不幸的是，高中時候玩過「關進櫃子兩分鐘」（Two Minutes in the Closet，

譯註：把兩個大家都以為互相有意思的人，反鎖在一個房間裡的遊戲）的人都知道，和不來電的人獨處，簡直是痛苦難熬；幸運的卻是：這不像高中時候的性約會（sesh）。

快速約會非常有系統，有人會在台上吹哨子控制時間，讓你知道三分鐘到了，這裡不可以交換電話號碼，但是你會填一張表格，表上有三十個問題，你可以勾選「是」或「否」（可複選），如果你們很速配，主辦單位會為你們安排進一步接觸。現在可以和假電話（faux no.）說再見了！

speed dial
┃ 快速鍵

手機裡的一組密碼，讓你可以迅速聯絡到你老媽（mom）、最好的朋友、電話炮友（booty call）、外送披薩或電話交友熱線。

spouse swapping
┃ 交換伴侶

這是朋友之間的小型雜交（orgy），當大家玩牌（或跟你的伴侶做愛）玩膩的時候。交換伴侶和通姦（adultery）是不一樣的，每個人都知道誰在跟誰做愛。

理論上，這是一種比較健康而誠實的逢場做愛（casual sex），實際上呢？你們以後可能再也沒有機會一起玩牌了。有些事情，就像地毯上的紅酒漬，一旦留下印記，就永遠磨滅不掉了。

又稱：換妻（wife-swapping，老式用詞）、和想要的人做愛（sleeping with the Joneses）

spring fever
▎思春熱

如果你有男女朋友，思春熱就是當你發現馬路上的人，好像都變成更性感、穿得更少，也更好上的樣子；如果你是單身，思春熱就是當你每天搭捷運的時候，都會愛上一個同車廂的乘客，而且午休的時候，會在桌角乾磨蹭（dry humping）。

在思春熱時期，最適合進行規模經濟釣人術（economies of scale）、變成一個只玩親親的美眉（kissing bandit），盡情的玩親親（snack）、開拓你的性愛圈（rotation），或者，擺脫掉你的感情包袱。

stats
▎基本資料

❶ 你的感情關係狀態。

❷ 你的外表基本資料（身高、體重、年齡、三圍）。

❸ 你的健康檢查報告。

❹ 你的炮友計算（body count）。

❺ 你的性史（sack record）。

❻ 以上皆是。

STDs
▎性病

經由性接觸所感染的疾病，或者，一種對逢場做愛（casual sex）造成威脅的東西。

性病有的是細菌傳染，包括：衣原體、淋病、梅毒、陰道細菌增生症、軟性下疳、盆腔炎（Pelvic Inflammatory Disease，簡稱PID）。有的是寄生性的感染，包括：陰蝨、疥瘡、陰道滴蟲病。

另一種性病，是經由病毒感染，包括：肝炎、皰疹（herpes）、HIV、HPV以及陰部疣、軟疣感染等。（還有其他更罕見的性病，但是我們不會拼那些字。）

最重要的是，細菌感染和寄生感染的性病，只要及早發現治療，都可以治癒。但是病毒感染的性病，卻無法治癒，雖然如果免疫系統夠強，病菌有可能迅速消失。

大部分的病毒感染性病，都會一輩子纏身（也有可能造成生命危險）。有些人感染了，卻不會馬上出現症狀，或者永遠不出現症狀，所以一定要定期檢查，特別是有多重性關係的人。

MTV台的音樂錄影帶、色情片、浪漫喜劇，都忽視了性病的嚴重性。性病感

染是性愛當中很大的一個現實問題，無論是逢場做愛，還是認真的感情關係。如果你真的想降低感染性病的機率，一定要用阻隔型的防護，但是你也要知道，保險套無法提供百分之百的保護，皮膚的接觸也會傳染。

此外，如果你用的是有十年歷史的陳年保險套（或者你不會正確使用保險套），也可能會被傳染，或傳染給別人。正確使用保險套、定期檢查（最好是一起去）、良好的溝通以及正確的決定，都有助於降低性病感染。

當然，這些東西和娛樂性愛（rec sex）很不搭調。還有人會這樣說：逢場做愛（casual sex）的重點，就是活在一個別說太多，降低限制標準的幻想當中。這種人呢，都是混蛋白癡！

參考：（較）安全性行為（safe(r) sex）、暫止疑感（suspension of disbelief）

STD ennui
| 性病倦怠

八、九〇年代中，由於對逢場做愛（casual sex）的恐懼，人人都在領子上繫著紅絲帶，但是到了今天，卻出現了反作用力。這種態度，導致許多聰明、受過高等教育、通常很理性的人，

做出非常愚蠢的行為：就是不用保險套（condoms）。

參考：（較）安全性行為（safe(r) sex）

Sting
| 史汀

S

知名創作歌手，前警察合唱團（The Police）主唱，曾經以娼妓和戀童為作曲的主題，音樂生命比瑪丹娜還要長。他曾經在科幻電影《沙丘魔堡》（Dune）中，以清涼的小短褲亮相；也曾在《人造新娘》（Bride）中，飾演性感的維多利亞時期一個有戀屍癖的怪人。

他寫過讓人又愛又恨的情歌，雖然已經五十多歲，仍然性感的要死（異性戀猛男這把年紀這麼性感，真不簡單）。

他最著名的事蹟，就是自己爆料和妻子做愛做了八個小時，後來他才開玩笑說，其實前面的四小時，都花在求愛、晚餐和看電影。

親愛的史汀，我們不斷尋你開心，因為我們是那麼深深地、沒有理性地愛慕著你。你是一個住在人類軀體裡的神啊！

strike out
| 出局

和你的有機會搞上的人約會，卻沒有上
壘（bases）成功，可能因為你用了很
精糕的釣人用語（pickup lines）、大
聲朗誦你寫得很爛的詩，或者在人家家
裡上大號時，臭味飄到他的房間。

strip poker/
Twister/
Scrabble, etc.
| 脫衣撲克／扭扭樂／七拼八湊

雜交（orgy）之前最喜歡玩的東西。
參考：牛市（bull market）、群交（group
sex）

譯註：「扭扭樂」是一種轉盤遊戲，參賽者
（2-4人）站在遊戲墊上，由一名裁判轉動

轉盤，根據轉盤顏色喊出指令，例如，左腳
紅色。參賽者根據指令迅速找到該色圓圈，
並放上自己的左腳。如果該顏色已經全部被
占，則裁判再次轉動轉盤。手肘或膝蓋碰到
遊戲墊視為犯規，馬上淘汰，在過程中摔倒
者也立即出局。最後一個出局者獲勝。這個
遊戲會有許多身體接觸（如下圖）。「七拼
八湊」則是一種棋盤式的拼字遊戲。

sugar daddy/
sugar mama
| 乾爹／乾媽

某個願意提供經濟支援給拜金男女
（gold digger）的人，因為他們的錢多
到花不完，而且說實在，如果有個比你
年輕幾十歲的美人，願意幫你吸腳趾，
或者吸你身上其他突出來的部位，幾千
塊錢又算得了什麼呢？
乾爹乾媽在餐廳裡點最昂貴的菜，眼皮

眨都不眨一下，他們根本不讓你有機會各付各的（dutch）（也可能只是復古性愛〔retrosexual〕的男人）。

如果你想有個乾爹或乾媽，在收到第一份禮物之前，絕對不能讓他們上到一壘。你必須確保每次的約會，都一次比一次昂貴。而且你一定要等他再送一份更昂貴的禮物之後，才讓他再進一壘。

但是你不可以用拙劣的手段要禮物，訓練有素的乾爹乾媽，得到了滿足的回報之後，都會心裡有數的。

比方說，你可以安排和他去高檔購物區約會，當他看到你一面看著精品櫥窗，一面感嘆自己的助學貸款壓力時，說不定會掏錢買一套衣服送你。如果他買了一本《白痴理財術》（Personal Finance for Dummies）送你，我們建議你趕快找下一個吧！

sure thing
▌ 一定會跟你

某個永遠都可以一起快樂的人，例如《麻雀變鳳凰》中的茱莉亞‧羅勃茲。片中的男主角李察吉爾想用香檳和草莓引誘這位妓女，女主角告訴他：「我很欣賞你這套誘惑（seduction）的功夫，但是，跟你說個小祕密，我是『一

定會跟你』的。」

這也是為什麼在搞一夜情（one night stand）時，不需要大費周章地在浴缸旁點滿蠟燭。這並不表示釣人和嫖妓一樣，但是……大家都是成年人了，也都有「性衝動」。有時候，我們可以坦然面對自己的性衝動，不必假裝這個晚上除了性愛之外，還有其他別的目的。

suspension of disbelief
▌ 暫止疑惑

和你搞逢場做愛（casual sex）的人，寧願把一些次要的現實暫時忽略（例如：伴侶的個性問題、他們的婚姻狀況、你的婚姻狀況、性病的流行、你明天必須早起上班、我們都過著無聊的人生，只會吃喝拉撒，上洗衣店洗衣服，一點也不浪漫……等），好讓他們有情緒像電影那樣熱情、搞花招、不顧一切後果地做愛。

又稱：活在夢中（living in a dream）

參考：性期待（**sexpectation**）、無拉鍊打炮（**zipless fuck**）

譯註：「暫止疑惑」原本是戲劇名詞，意指觀眾在觀看戲劇時，明明知道演出來的東西

161

都是假的，但是卻必須暫時擱置這種不相信，唯有透過這個運作，戲劇才會動人。

sweeps week
| 大掃除週

暑假或春假的最後一個星期，大家都知道，已經沒有機會和他們希望邂逅的對象搞出什麼火花了。如果你在大掃除週當中，還沒辦法搞到人，一定是你不夠努力，沒有真正去嘗試。

swinging
| 放浪

搞開放性關係（open relationship）的狂野青年長大之後，卻不願意放棄自由之愛（free love），這時候他們會做的事，就是「放浪」。放浪男女大多是異性戀伴侶，他們會去參加每個房間都有床墊的派對（偶爾也會看到放浪的性愛）。

放浪和多重性關係（polyamory）不一樣，放浪男女會把他們的靈魂托付給伴侶或生命至愛，卻毫無保留地把肉體交給大家享用。他們的性愛是社交性、隨性的，通常都會伴隨著開胃小菜。他們比較喜歡女女或男女的性愛，而男男性愛（鬥劍）是他們所不屑的（我們覺得這樣很不公平）。

雖然他們大都住在郊區，但是這些放浪男女，卻一點也不像電視影集《慾望師奶》（Desperate Housewives）裡的郊區俊男美女。不過，他們仍然很努力地在搞。祝福這些放浪男女，永遠別停下來，繼續努力「探索性愛」，這才是我們尊敬你的地方。只要……拜託……別給我們看到就好。

參考：成人交友網站（**AdultFriendFinder. com**）、雜交（**orgy**）、交換伴侶（**spouse swapping**）、3P（**three-way**）

T

take-me-back sex
| 回頭性愛

戀曲畫下句點（closure）期間與舊情人發生的性愛，通常在分手後數週到一個月之間。

提議的那個人，會穿著新行頭，或帶著最近苦練有成的好身材現身，渾身上下都散發出「我愛新生命」的態度。兩人見面之後，可能會「看在舊日情誼」份上，一起去酒吧（bar）喝一杯。接著下來就會發生……沒錯，性！

這場性愛非常緊張而美妙，但是當對方去拿保險套，羞怯地提起「近況」時，兩人都會再度心碎一次。在整個分手和結束戀曲的歷程中，剛好會有兩次回頭性愛，而兩次都以淚水收場。再度觸痛了分手的創傷，也會導致長時間的電話炮友（booty call）循環，或是另一個短暫而突然的交往（dating），甚至會痛苦地分手。

千萬別幹這種傻事！不信就去問你最好的朋友吧，他們一定會阻止你的。

Tao of Steve, The
| 追女至尊

這是一部電影，又稱「史帝夫的哲學」。男主角是一個取巧的單身男子，他有一套建立在東方哲學基礎上的把妹公式：法則一：破除慾望；法則二：表現傑出；法則三：以退為進。

結果，他的招數竟然奇蹟般地成功了。然後……他當然碰到了一個對他那套完全免疫的女人，也再次證明了一件事：追尋真愛是沒有愛情法則（rules）可循的。

這部電影結合了浪漫喜劇類型，以及獨立電影風格的片名，是一部非常適合約會時租回家一起看的電影，不過和玩家（player）約會除外，因為他根本無法領悟電影中的道德教訓。

team player
| 團隊領導

❶ 任何一種群交活動中最重要的一個人，從3P到雜交（orgy）都很需要這種角色，他們會確保現場的音樂不中斷，供應充足的脆餅、沾醬、保險套，確定大家都了解遊戲規則，好讓大家都玩得自在，也各有所獲。只要屋子裡有個團隊領導，就沒有人會有被冷落的感覺。

❷ 一個性代替品（pinch hitter）。

tease, a
❙ 調情聖手

一直在調情，卻永遠不會更進一步的人：「跳舞的時候貼著對方，讓他以為有機會，然後再拒絕他，這是我所做過最差勁的事。」這是電影《火爆浪子》（Grease）中的麗西做的事。

參考：壞名聲（reputation）

technical virgin
❙ 技術性處男處女

如果貞操定義在沒有陽具和陰道的交媾，那麼，下列都算是技術性的處男處女：男同性戀、女同性戀、只做過肛交（anal sex）的天主教學校學生、只做過體外性交（outercourse）的異性戀女人，因為她希望在婚禮上穿著象徵純潔的白紗（儘管她吞過的精液恐怕超過一斤）。

參考：鑽漏洞（loopholing）

temp work
❙ 臨時工

一段美好而長久的關係來臨之前的逢

場做愛。因此，過度熱心幫你安排派對寵兒（party favor）的紅娘、網路交友（online personals）網站、伴遊服務、妓院、成長團體，都是所謂的「臨時工經紀人」（temp agencies）。

terror sex
❙ 恐怖性愛

一旦國家安全緊急狀態升高，在一夜情的世界中也會跟著引起連鎖效應。一般來說，國家安全緊急狀態提升一級，上壘（bases）等級也要隨著變動。譬如：以往上一壘的時候，算是綠色警戒（恐怖攻擊低危險性），只是打打手槍；現在你可能要把層次提高到藍色警戒（恐怖攻擊一般危險性），所以性愛內容也要升級到口交（oral sex），並且全速為黃色警戒和橘色警戒做準備。在紅色警戒時（恐怖攻擊嚴重危險性），3P（three-ways）、雜交（orgy），以及全國好奇的雙性戀（bi-curiousity）數量大幅攀升。

平常覺得「不應該」到處做愛的人，或許會用警戒狀態升高當藉口來放縱自己：「如果我們今晚不搞一夜情的話，恐怖份子就要勝利了。」

又稱：為國家而做（doing it for your

country），來自《火爆浪子》的續集《油脂小子》（Grease 2）。

參考：機會性愛（**occasion sex**）

text messages
| 簡訊

一種即時通訊方式，適合痛恨電話聲音的人。簡訊的設計，最適合拿到了電話號碼，卻不敢打的單身男女。簡單又有具挑逗性的特點，讓傳訊息可以又快速又鹹濕，不用再說「去你家還是我家」這種廢話，就能輕易地調情了。

鼓勵大家利用行動電話，探索你內在淫穢的寫作天分吧（快把你寫色情詩的功力秀出來）。想像一下，與其結結巴巴地在別人的答錄機留言，努力裝鎮定或興致高昂地講電話，不如傳個甜美、機智又風趣的簡訊。

傳簡訊就和發email一樣，你可以事先擬草稿，讓文字發揮最大的效果，而且簡訊有字數限制，你得長話短說，不會因為隨便講了爛笑話冒犯到人（再說，誰想要跟酒吧（**bar**）裡的帥哥正妹要email？蠢斃了！）

此外，你還能在公開場合進行這種非常私密的行為，再害羞的人也能得心應手。它可以說是一種最安全的性：不會染上性病、不會意外懷孕、不會有煞風景、破壞氣氛的尷尬狀況發生（直接或間接的）。

簡訊沒有侵犯性，但卻是即時性的（因為除非你的電話炮友都沒開機）。在半夜發給你的「呃朋友」（umfriend）的訊息，叫做炮友簡訊（booty text），即使只是個單純（或專程）的問候，例：Wot u up 2?（你在幹嘛？）

又 稱： 性 愛 訊 息（s e x e d messaging）、性訊息（sex messaging）、性文字訊息（sext messaging）、性文字（sexting）。

參考：約會性愛（**appointment sex**）、電話炮友（**booty call**）、麵包屑線索（**bread-crumb trail**）、我再打電話給你（**"I'll call you"**）、性流放（**sexile**）、藍芽釣人（**toothing**）

third-base coach
| 三壘教練

新的一夜情伴侶，在性愛約會的前段，特別愛出一張嘴批評指教（可能是有建設性的，也可能不是），例如：「現在，手指移到右邊，不對，太過去了，左邊一點。好……保持這個樣子，這樣就對了。準備好……現在！快快快，繼續動，不要停，一路幹到底，你這個小賤貨！」

雖然他熱情有勁的態度值得稱許（參考：品管〔quality control〕），但是，支持鼓勵與吹毛求疵之間還是有差的啊。

three-way
| 3P

來當六腳獸吧！我們知道，很多伴侶都會在結婚20週年紀念日的時候，找個第三者來一起慶祝他們的大日子，做個「肉體三明治」。或許一起出去拉分（pull），享受三人調情的滋味，不下於真正的肉搏；或許他們登了一個網路交友廣告，花了一整個星期審查對象（screen），尋找最佳3P玩伴。

說實話，這種伴侶實在是稀有動物（也可能是奇怪的動物）。他們會去賭城參加放浪男女年度大會。男人會留個馬尾，彌補微禿的頂上風光；女人喜歡穿長袖寬大的衣服，裡面卻不戴胸罩。至於我們這種人，可能要去有嗑藥的趴場釣人，才比較會發生這種事。

3P通常都會有些尷尬，除非三個人都是：a）單身；b）彼此不認識或不熟（偷偷暗戀十年的不算）；c）對一夜情的態度很自在；d）好奇的雙性戀（bi-curious）；e）飽滿（性慾飽滿或錢包飽滿），尷尬的機率會比較低。

至於3P的過程，不一定是你在好萊塢電影或男性雜誌上看到的一男兩女模式，兩男一女也是可以的，你知道嘛，等一下！才不是A片演的雙龍入洞，難道你不懂什麼叫輪流上陣嗎？

還有，男孩子們啊！搞兩男一女的3P，並不會讓你變成同性戀，也不會變成好奇的雙性戀，只表示你是個開明進步的男人，是個願意滿足女孩的性幻想的英雄啊！

參考：三人行（ménage à trois）、戀愛（romance）

timing
| 時機

時機，顯然是最絕對、最關鍵性的一環。至少在性愛方面，時機會帶來美好的結局。

比方說，最佳時機是：被甩的前一天你遇到了高中時的小甜心，看起來正得不得了，於是你們一起去吃晚餐，幾杯酒下肚後，他發現你還是和二十年前一樣，在回家的途中，你們用彼此的生日數字買了樂透彩，一回到家，馬上瘋狂做愛，好像回到了青少年時期。第二天，你們買的彩券中了頭彩，於是你們買了一棟大豪宅，兩個人結了婚，生了幾個漂亮的寶貝，從此過著幸福快樂的生活。

壞時機就是：你媽媽突然闖進來叫你出來吃飯，而你剛好在性伴侶的腿上早洩。

TiVo
| TiVo智慧型電視節目錄放影機

數位錄影機（DVR）。這種東西證明了一件事，做愛永遠不會比看電視重要。TiVo、網路（Internet）和拒絕求愛熱線（Rejection Hotline）是人類近

代史上最偉大的發明。

比方說，你們正在看《驚險大挑戰》（Amazing Race，譯註：一個充滿壯男美女的美國真人秀）當季的最後一集，最後的決賽，惹得你們慾火焚身（沒關係啦！我們可以理解。）你只需要按下錄影鍵，跳上床，好好幹一場，十分鐘之後，再回過頭來繼續看，還可以跳過廣告呢！人生真是美好啊！

參考：「天天秀」指標（**Daily Show factor, the**）

tofu boyfriend/ tofu girlfriend
| 豆腐男女

某個願意和你一起出去的人，因為他們願意跟任何人出去（參考：臂彎花瓶〔arm candy〕）；或者因為你可以虧他們，他們也願意讓你占便宜（參考：方法演技式交往〔Method dating〕）。

toothing
| 藍芽釣人

利用藍芽行動電話找性伴侶（通常都是

匿名）。你可以在附近地區發個簡訊
（text message），希望某個人會接收
到，而且也願意出來，到附近黑暗的角
落私會，或者去公廁或旅館打炮。

這種釣人方式，最適合那些沒有耐性，
一大早就在克雷哥表單（Craigslist）
上貼留言找炮的變態。

參考：巡人（**cruising**）

toys
玩具

娛樂性愛（rec sex）之夜的最佳配備
（只要不是可怕的綑綁性虐待道具，或
沾了穢物的性玩具。）在《床邊玩物
小百科》（Em & Lo's Sex Toy: An A-Z
Guide to Bedside Accessories，本書
作者的另一本書），對這個話題有完整
的介紹。

toxic bachelor
| 有毒的單身漢

慾望城市（Sex and the City）的同義
詞，專指那些無賴男（cad）或有承諾
恐懼（commitment-phobe）的男人。

參考：混蛋（**assholes**）、淑女之男
（**ladies' man**）、大玩家（**playa**）、玩家
（**player**）、羅傑道傑（**roger dodger**）

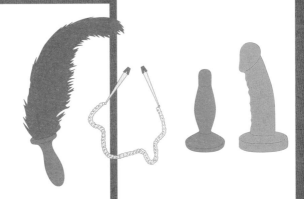

trisexual

| 三方不決定性

無法決定自己到底最喜歡那一種性愛模式：和男生做愛、和女生做愛，還是和自己做愛。

try-sexual

| 性嘗試

就像好奇麥奇（Mikey）這種男人。這種人啊！什麼都想試那麼一次。其實，我們覺得他們有一半的時間，根本就是在炫耀吹噓他們曾經試過。

他們根本不用這麼辛苦地嘗試來嘗試去，還不如好好想想自己到底喜歡的是什麼吧！

參考：性愛收藏（collectible）、為科學獻身（doing it for science）

u-were-wrong-to-leave-me sex

「甩掉我大錯特錯」性愛

這是犬儒主義者或現實主義者所主導的「回頭性愛」（take-me-back sex）。你很清楚跟他不會有結果，但你就是無法克制自己。

你認為，如果跟前任情人來一次分手性愛，他們可能會覺得甩了你是錯誤的決定；不過你要知道，這種機會只比中樂透高一點點，可能只會讓前任情人感到有一點點後悔而已！

「甩掉我大錯特錯」性愛比較像是炫耀技巧的特技演出，沒有「回頭性愛」會出現的深情凝視，畢竟「回頭性愛的目的是希望對方回頭，而「甩掉我大錯特錯」性愛的目的，卻是要讓對方永生難忘。

如果你是這場性愛的主動者，我們猜，做愛的時候你一定是在上面，我們也相信，你一定會搞一點點虐待的成分，例如：啃咬、扯頭髮、大叫對方的名字。小心不要把手銬（handcuffs）弄壞了。

umfriend

呃朋友

這個名詞代表一種曖昧的熟識關係。例句：This is my...um...friend.（這是我的……呃……朋友。）

當你的伴侶意外碰到他們剛分手的前任時，如果他們突然把你從男女朋友降級成一個「呃朋友」，那可能是因為他把對方傷得很深，不然就是他很想跟對方復合。

uncut

未割包皮

我們現在不會指著沒有割包皮的老二大笑了。割包皮不再是嬰兒出生後的必要程序，所以你釣人的時候，若發現越來越多戴著帽子的老二，不用太吃驚。

割還是不割好呢，仍未蓋棺論定。有人認為，包皮的邊緣非常敏感；也有人認為，割去包皮的光潔老二比較衛生。不過說實話，老二勃起之後，割或不割有差嗎？戴帽帽的老二打手槍的時候不需要潤滑，不過還是先問一下老二的主人，看他比較喜歡怎麼做。

不論你的小龜龜有沒有帶殼，如果要做愛，戴上套套再上。

under the influence
| 鬼迷心竅

受到性愛酒精（booze）／香水／費洛蒙／慾望／絕望／催眠／美貌／名氣的影響，導致你戲劇化地突破了自我禁忌，或者喪失了判斷力。

比方說，你在林普巴茲提特（Limp Bizkit）的演唱會後台，把你的光屁股提供給他們當遊戲的鏢靶，只因為你中了名人的毒。

understudy
| 替補人選

比較令人不感興趣的次要選擇，卻從跟班男／女（wing(wo)man）的身分，變成了今晚的第一男／女主角。

比如說，你一邊和一個性感尤物搭訕，一邊想著要記得傳簡訊給室友，請他今晚出去性流放（sexile）。

沒想到對方說出了這致命的十個字：「你見過我的朋友派特嗎？」不過真實情況卻是：「你見過我這位比較醜、比較矮、比較多毛、酒品比較差、比較無趣的朋友派特嗎？」

沒錯，對方用了替補人選來頂替，然後

藉故開溜說道：「那麼你好好和派特認識一下吧！」你只能眼睜睜地看著那位性感尤物慢慢從你眼前消失！

unicorn
| 獨角獸

❶ 在娛樂性愛（rec sex）和交往（dating）的世界中的稀有（甚至神秘）動物。例如：有格調、有幽默感，不談承諾的單身異性戀男人；性感有自信的女人，卻真心地說她喜歡好男人；一個性感有自信的女人，卻真心地說她不是在找感情關係；一個女模特兒，不用腳趾頭就會心算加法；一個男模特兒，真心地說他是異性戀。

當然，有人會說，證明獨角獸存在的唯一方式，就是相信他的存在。

❷ 在前額戴一根皮帶式假陽具的人。

unilateral casual sex
| 單向逢場做愛

在真空內做愛。不！我們並不是要你用真空吸塵器吸屁或品玉（這並不是

個好主意）。我們的意思是說，那就好像做愛時完全沒有別人參與。不不不！我們也不是指自慰（這倒永遠是個好主意）。我們是指，做這種性愛的人，完全不考慮對方的感受、對方的安全或對方的快樂。

譬如，對你來說，做愛只是性而已，但是對方卻把性愛當成一段美好友誼的開始，而你也繼續讓他們這樣遐想。或者，你的性伴侶讓你達到高潮，但你卻不願意回報，連嘗試一下都不肯。或者，你覺得嘴唇上有刺刺的皰疹（herpes），卻不想使用口交護膜(dental dam)，仍然繼續蠻幹下去。

參考：性愛回報（**reciprocation**）

unrequited lust
| 無回報的慾望

就是邊自慰邊性幻想。

urban tribe
| 都會部落

作家伊森‧瓦特斯（Ethan Watters）所創的名詞。他懶得跟父母解釋，為什麼他已經年過三十，卻還沒有結婚生子，於是發明了「都會部落」。這是一個大學畢業後的單身男女所組成的社群，該社群就像一個延伸的家庭，提供一種可以取代長久關係的互相扶持。換句話說，都會部落的人，就是你的酒友，（可是，不會有人用這麼普通的名稱寫一本書吧！）你的都會部落，會在重要的節日陪伴你，例如感恩節、情人節，週日晚上的憂鬱時刻，也當然會在你身邊，排遣讓人痛苦的季節性倦怠（ennui）。

自滿的已婚族（smug marrieds）是都會部落的拒絕往來戶。都會部落並不是反對結婚生子，只是覺得還不是時候罷了！（所以，拜託妳，老媽，別一直幫我相親了。）

參考：獨身癖（**quirkalone**）

vanilla

▌香草

「香草性生活」（vanilla sex life）是指那種溫和、沒有刺激、平淡無味、毫不動人、傳教士姿勢的性愛*，就是你爸媽的做愛方式，除非他們讀過《性愛聖經》（The Joy of Sex）或《大高潮》（The Big Bang，譯註：本書作者的另一本著作）。搞一夜情的時候，絕對不可能如此無趣。事實上，不論什麼時候，什麼地點，什麼方式，都沒有理由如此無趣，除非你摔斷了腿，或者你已經80歲了。

*我們基本上並不反對傳教士姿勢，其實這種姿勢也非常刺激。但是香草性愛，通常都喜愛用傳教士姿勢。這個姿勢就像豆腐，需要調味。而換成用狗狗式（**doggy style**），不論你覺得多單調，都還是會感覺鹹濕性感。

virgin-whore complex

▌處女蕩婦情結

這是一種心理／哲學的併發症，一個男人（或者一個自我厭惡的女人）把女性放進兩種並存的獨有類型：a）崇高、無性的處女聖母（耶穌的母親聖母瑪麗亞）；b）性感誘人，但是身上有罪的賤婊子（slut）（耶穌的「特別的朋友」〔special friend〕，妓女抹大拉的馬利亞〔Mary Magdalene〕）。

一個喜歡透過玻璃天花板（glass ceiling）來看待女性，而且總是有雙重標準（double standards）的男人，可能會在嚴重的處女蕩婦情結中，成長為他人的男友或丈夫。他會理所當然地學會搞一夜情，會遇到許多適應良好的

「賤婊子」，並跟她們發生愉快的性關係。但是，一旦他愛上了一個性感、聰明又美麗的女人，他會希望這個女人在床上是蕩婦，下了床是貴婦。

又稱：你他媽的是，你他媽的不是（damned if you do, damned if you don't）、聖母妓女情結（Madonna-whore complex）。

參考：辣媽性愛（**MILF**）

virginity
｜貞操

❶ 從來沒有和他人發生性關係的狀態，這裡所謂的「性關係」，泛指兩人裸裎相見，共同取樂。

❷ 老式的用法，指從來沒有發生過陰莖和陰道的性交。這種沒有想像力的定義，把拉子、男同志，以及修女，全都排除在外了。

參考：技術性處男處女（**technical virgin**）

W

walk of shame/ walk of fame

▎羞恥大道／名人大道

意外發生的激情外宿之夜，第二天清晨
回到自己的家，特別是在一個正式場合
後的隔日早晨，你身上的派對禮服，彷
彿正在對路人大聲宣告：「我昨晚喝醉
了，還跟一個我根本記不起名字的人上
了床。」如果你覺得這是一件值得驕傲
的好事，走起路來抬頭挺胸，你就是在
走「名人大道」；如果你覺得這比你小
時候尿褲子還丟臉，那麼你就是在走
「羞恥大道」。

"Was it good for you?"

▎這樣夠好嗎？

如果你會這樣問，答案就是不好！
參考：陳腔濫調（**clichés**）

Webmail address

▎網路信箱

這是網路上面一個小小的歇腳處，它可
以讓你和某人聯繫，卻不用暴露你的姓
名、地點、工作場所，甚至……你的性
別。壞人會用網路信箱進行非法勾當；
好人則是用它來玩網路交友（**online
personals**）時，讓自己保持一點點個
人隱私。

"What happens in [blank], stays in [blank]."

▎就地解決

這句格言，很適合用來形容在拉斯維
加斯喝醉酒結婚／清醒後離婚、雜交
（**orgy**）、或者春假的狂歡之後。可別
在單身漢派對（**bachelor party**）上玩

這種「娛樂」啊。

譯註：What happens in [blank], stays in [blank]的來源是拉斯維加斯旅遊局的一句廣告詞：What happens in Vegas stays in Vegas.（在賭城發生的事，就留在賭城吧！）

"When will I see you again?"
| 何時能再見到你？

如果你說得出這種陳腔濫調（clichés），我們也不會再見面了。

white lies
| 善意謊言

雖然我們很不屑誇張的大說謊家，但生命中有些時候，總是會撒些無傷大雅的小謊。舉例來說：如果你剛剛傷了他的心，他真的有必要知道，你對他尺寸大小的意見都是謊言嗎？

此外，善意謊言專門用來應付下列問題：a）我的屁股這樣看起來會不會太大？b）我剛才那種〔請填空〕戀物癖方式，有嚇到你嗎？c）你以前的男朋

友，老二有比我大嗎？

一般來說，只要誠懇的善意謊言，可以讓這個人好過一點，也讓你容易打發問題，那是OK的。但是，如果你是因為無法面對問題，單純為了隱瞞事情真相，而撒下善意謊言，那就請你別再裝了吧！

還有，關於上面列舉的問題，如果大家都不再問這種無法誠實回答的蠢問題了，大家也不用再講什麼善意謊言啦！

wingman
| 跟班男

❶ 為哥兒們擔任僚機護航的異性戀男人，他的角色是在性感的女士面前，吹噓他哥兒們的豐功偉業，說他是個認真的義工／有一棟海濱別墅／開一家網路公司／有個樂團／全民英檢拿高分，把他的哥兒們塑造成一個風趣又吸引人的目標。

跟班男也會和這位性感美女的所有女性朋友調情（儘管有些並不是那麼性感），以確保她們不會把性感美女帶走。最後，跟班男會把大夥全部帶去唱KTV，讓他的哥兒們跟性感美女一起合唱。

❷ 一首惡搞民謠的廣告歌，出現在酷

爾斯啤酒（Coors）的廣告中，歌詞描述著如此的慢動作景觀：哥兒們和辣妹正在舞池又貼又扭／但是她卻帶了一個拖油瓶／這拖油瓶嘰嘰喳喳只談她自己／老天！只好請她喝杯酒／你在這裡的功用就在此啊！／偉大無敵的跟班男／你為了大局犧牲自己／讓你的好哥兒們的美夢成真／跟班跟班跟班男。

❸ 一個似乎是異性戀的好友，讓你這個異性戀年輕男子，對他產生同性戀的情愫，而且你有可能和他上床做愛。這個勁爆的典故，來自昆丁塔倫提諾（Quentin Tarantino）在1994年的美國獨立製片《被單遊戲》（Sleep with Me）中，對《捍衛戰士》（Top Gun）的重新解讀：「（捍衛戰士）根本就是在講一個男人在他自己的男同性戀慾望中掙扎的故事。那個馬文立克（Maverick，譯註：就是湯姆克魯斯演的角色），你知道吧！他剛好站在邊緣，只差一步就會越界。還有那個艾西曼（Iceman，譯註：就是方基墨飾演的角色），以及全部的隊員，根本都是同性戀。你懂嗎？他們常說走走走，走同性戀的路（go the gay way）。凱莉·麥克姬兒（Kelly McGillis，片中的女主角）是異性戀，她常說不不不，走正常的路（go the normal way），一切照規矩來。他們一直在說，不，走同性戀的路，走同性戀的方式，以同性戀的方式走。這些東西簡直貫穿整部電影。

好吧！但是這部電影真正的結局，是他們最後的米格機戰鬥。因為他走進了同性戀的路，於是他們就是他媽的同性戀空戰部隊。他們打敗了俄國人，這些同性戀打敗了俄國人。戰鬥結束了，他們的戰機著陸之後，艾西曼一直想搞到馬文立克，最後他終於搞到了！他們倆最後在一起的時候，說了什麼話？他們抱在一起擁吻，開心得不得了。然後艾西曼跑向馬文立克，對他說：『老哥，你隨時都可以「騎」在我屁股上！』（Man, you can ride my tail anytime!）馬文立克怎麼回答呢？他說：『你也可以「騎」我的啊！』（You can ride mine.）鬥劍！根本是兩個男人在鬥劍嘛！」其實啊，《捍衛戰士》裡真正出現的台詞是：「你可以隨時當我的僚機（wingman）。」只不過，說法不同，意思卻是一樣的。

wingwoman
| 跟班女

跟班男（wingman）的女性改良版。當異性戀女性看到一個異性戀男子被一群辣妹包圍時，她會想：a）他很風趣；b）他真的喜歡女人，而且不只是想上她而已；c）他不是那種只會打電動不會打動女人的宅男；d）他可能會在性愛後的第二天早上，表現出對女性尊敬的態度。

如果想利用這招把妹，你必須有個麻吉的女性朋友在夜店幫你的忙，而不是上Wingwomen.com網站雇用一個女性槍手。

"Would you like to come in for a nightcap?"
| 要不要進來喝一杯？

這句話很明顯地表示，你希望延長今晚的歡樂。你也可以這麼說：「你要不要進來，我們用肯尼吉（Kenny G）的音樂當背景，像野獸一樣痛快地幹一炮？」

想進一步研究，請參考：蝕刻版畫（etchings）、陳腔濫調（clichés）。

X

Xerox machine

▌影印機

參加（或不想參加）尾牙（holiday office party）最主要的原因。我們才不管你有沒有搞到3P（three-way），有沒有參加雜交（orgy），有沒有找到電話炮友（booty call），但是如果你從來沒有用公司的影印機，印出你那兩片調皮的小屁屁，那麼你真的是白活了。在你定下來之前，玩一次吧（一次也就夠了）。

說真的，未來的辦公室裡，可能根本不會有影印機這玩意兒。所以等到你抱孫子的時候，影印機早就是希罕的古董了，而你那張印出來的古董影印紙，可能會在拍賣網站賣到好價錢哩！

Y

"Your place, or mine?"

▎ 去你家或我家？

聽到這六個字，馬上自動聯想起1970年代的放蕩男女，穿著人造纖維的套裝，留著鬢角，滿嘴口臭，這句話也變成了經典的約會地雷（deal breaker）。

參考：陳腔濫調（**clichés**）

Y

Z

zipless fuck
無拉鍊打炮

專指女性無罪惡感的逢場做愛（casual sex）。這個字眼是1973年女作家愛莉卡·瓊恩（Erica Jong）在她的暢銷書《害怕飛行》（Fear of Flying，曾創下1500萬本的銷售記錄）中所創造出來的。

已婚的女主角伊莎朵拉「渴望性愛，渴望隱居生活、渴望男人，也渴望孤寂。」所以，這個女孩該怎麼辦呢？「我對這個問題的回應是，不要（還不要）發生情事，也不要（還不要）公開找人，但是我卻把性幻想演化成一種無拉鍊打炮。無拉鍊的打炮，不只是一場打炮，而是一種柏拉圖式的理想。為什麼無拉鍊呢？因為當兩個人在一起的時候，拉鍊就像玫瑰花瓣自然掉落，內衣褲就像蒲公英的絨毛，被風徐徐吹落。舌頭糾結，化做香蘭蜜汁，整個靈魂，從舌尖通過嘴巴，向外奔流而出。真正終極的無拉鍊打炮，是你永遠不必對這個男人認識太多。另一個條件就是：簡潔短暫，陌生人甚至更好。」

好姊妹啊！阿門！

索引

A

P8～12

about last night 關於昨晚

adultery 通姦

AdultFriendFinder.com 成人交友網站

Alfie 風流奇男子

all-play 大家一起來

anal sex 肛交

anonymity 匿名

anonymous STD notification 匿名性病通告

appointment sex 約會性愛

arm candy 臂彎花瓶

asshole 混蛋、屁眼

away game 外地性愛

B

P13～29

bachelor party 單身漢派對

bachelorette party 準新娘派對

back rub 揉背

baggage 包袱

bar 酒吧

bartender 酒保

bartender boost 酒保迷思

baseball stats 棒球數據

bases（first, second, third, home）上壘（上一壘、上二壘、上三壘、全壘打）

bear market 熊市

beard 鬍子

beer goggles 茫到鬼遮眼

benched 坐板凳

between boyfriends/between girlfriends 感情過渡期

bi-curious 好奇的雙性戀

binge fucking 幹到飽

[blank] dick 〔填空〕屌

blogging 部落格

blue balls 藍球

body count 炮友計算

body-fluid monogamy 體液一對一

Bond, James Bond 龐德，詹姆士龐德

bondage 綁縛

booty 屁屁、戰利品

booty break 停機

booty budge 炮友預算

booty buzz 性放縱

booty call 炮友電話、電話炮友

booty tax 性愛稅

bootylicious 身體美味

booze 性愛酒精

bounce 長期固炮、落跑

boyfriend material 優質男友

boy toy 男孩玩具

bread-crumb trail 麵包屑線索

breakup sex 分手性愛

brunch 愛愛後的早午餐

brunch story 早午餐八卦

Buffett, Jimmy 吉米·巴費

Bull Market 牛市

business card 名片

BUT（bi-curious until thirty）三十歲前的好奇雙性戀

buyer's remorse 買家的懊悔

C

P30～41

cable TV 有線電視

cad 無賴男

cadette 無賴女

CAKE parties 蛋糕派對

caller ID 來電顯示

canoodling 卿卿我我

casual sex 逢場做愛

catalyst 催化劑

cereal aisle 麥片區

cereal sex 麥片性愛

cheerleader 啦啦隊長

classifieds 徵友廣告（過時用語）

clichés 陳腔濫調

closing the deal 搞定

closure 畫下句點

cock block 擋屌

coffee 咖啡

collectible 性愛收藏

comfort cock 慰安屌

comfort sex 慰安性愛

commitment 承諾

commitment-phobe 承諾恐懼

common-law relationship 實質關係

condoms 保險套

conquest 征服

contraception 避孕

coyote ugly 女狼俱樂部

Craigslist 克雷哥表單

cruising 巡人

cuckold 戴綠帽

cuddle party 抱抱派對

cybersex 網路性愛

D

P42～52

Daily Show Factor, the「天天秀」指標

dancing 跳舞

date 約會

dating 交往

deal breaker 約會地雷

dejafuck 似曾相識的性愛

designated dialer 專屬接線生

digits 數碼

dipping your pen in the company inkwell 辦公室戀情

dirty talk 淫聲浪語

dirty weekend 骯髒的週末

discreet 謹慎

dogging 愛現的車床族

doggy style 狗狗式

doing it for science 為科學獻身

Donna 唐娜

do-over 重來一次

double-headers 連環雙響炮

double standard 雙重標準

dress up, to 扮裝

drive-thru 得來速

drunk dialing 酒醉亂打電話

dry humping 乾磨蹭

dry run 乾跑

Dutch courage 荷蘭式勇氣

dutch, going 各付各的

E
P53~58

early adopters 性愛先驅

early decision 提前表態

economies of scale 規模經濟釣人術

Ecstasy 快樂丸

ego boost 自信膨脹

email 電子郵件

emissions, bodily 體內排放

ennui 性倦怠

EPT 緊急驗孕、緊急修毛

equal opportunity objectification 公平物化機會

etchings 蝕刻版畫

ethical slut 道德浪女

evangelism 傳福音主義

evidence 證據

eye candy 花瓶

F
P59~66

facial 顏射

fad sex 時尚性愛

faking 假高潮

faux no. 假電話

Feminine Mystique, The 女性迷思

feng shui 風水

flavor of the month 本月主打

fling 邂逅之戀

foreign accent 外國腔

foreplay 前戲

free love 自由之愛

free milk 免費牛奶

frequency 打炮頻率

friend with benefits 性益友

friend zone 普通朋友

Friendster 加入好友名單

fringe benefits 員工優惠

frozen food aisle 冷凍食品區

fuck buddy 炮友

fuck 'n' chuck 幹完走人

fucksimile 性愛複製品

G

P67～72

game playing 隨便玩玩

gaydar gay達

George Michael, a 喬治麥可

girlfriend material 優質女友

glass ceiling 玻璃天花板

glory hole 屌洞

going out 一起出去

going steady 穩定交往

gold digging/gold digger 拜金／拜金男女

Google Googlge搜尋

Google, to 去Google一下

Googlegänger Google二重身

Google goggles Google眼迷

gossip 八卦

grief therapy 傷痛治療

Groucho Marx syndrome 高裘馬克斯症候群

group sex 群交

H

P73～82

Halloween 萬聖節

hand 愛情優勢

handbag 手提包

handcuffs 手銬

hanging out 一起混

happy ending 快樂結局

hate fucking 洩恨的一炮

he's just not that into you 他其實沒那麼喜歡妳

heartbreak sex 心碎性愛

herpes 皰疹

hickey 種草莓

himbo 無腦帥哥

hit that 搞她

HIV 愛滋病毒

home game 家庭遊戲

home-team advantage 主場優勢

hooking up 釣人

hosting 來我家

HPV 人類乳突病毒

humor 幽默感

hypnosis 催眠

I

P83～86

I-can't-believe-it's-not-boinking 「真不

敢相信我竟然沒有搞到」

I-deserve-it sex 「我應得的」性愛

"I'll call you" 「我再打電話給你」

I've-still-got-it sex 「我還是很有行情」的性愛

IM 即時通

Internet 網路

Internets 網路們

intimacy lite 輕鬆的親密關係

J

P87～89

jealousy 嫉妒

judging 武斷

juggling 耍弄

jumping the shark 跳鯊魚

just friends 只是朋友

K

P90～92

karma 造業

key party 鑰匙宴會

kiss 接吻

kiss & tell 性愛告白

kissing bandit 只玩親親的美眉

L

P93～98

ladies' man 淑女之男

ladies' night 淑女之夜

lady-killer 淑女殺手

last call 最後一輪

last wo/man on Earth 史上最後選擇

layaway 性愛投資

little black book 花名冊

loopholing 鑽漏洞

LTR 長久關係

lube 潤滑劑

lucky underwear 幸運內褲

LUG (lesbian until graduation) 畢業前的女同性戀

luvva 情人

M

P99～107

marking (your) territory 劃地盤

masturbation 自慰

ménage à trois 三人行

mercy fuck 憐憫性愛

metabolize 擺脫陰影

Method dating 方法演技式交往

metrosexual 都會型男

Mikey 好奇麥奇

mile-high club 高空飛行俱樂部

MILF 辣媽性愛

Missed Connections 尋人啟事

missionary position 傳教士姿勢

modelizer 名模性愛

mom 老媽

money shot 鈔票鏡頭

monogamy 一對一關係

moped 電動腳踏車

morning sex 早晨性愛

mourning period（for the dumpee）哀傷期（被甩的一方）

mourning period（for the dumper）哀傷期（甩人的一方）

N
P108～112

Nerve Personals Nerve徵友

nice-guy syndrome 好男人症候群

nookie 努嘰努嘰

nooner 午炮

note 寫便條

nudie pics 自拍裸照

O
P113～120

occasion sex 機會性愛

off limits 終極不搞之人

office holiday party 尾牙

One Leg Up 提腿俱樂部

one night stand 一夜情

online personals 網路交友

open relationship 開放性關係

oral sex 口交

orgasms 性高潮

orgy 雜交

out-of-towner 在外地搞

outercourse 體外性交

P
P121～130

palate cleanser 除味點心

park, to 泊車

party favor 派對寵兒

phoner 色情電話

phoning it in 空虛性愛

pickup artists (PUAs) 把妹達人

pickup lines 釣人用語

pinch hitter 性代替品

play 玩

play d'oh!「玩」了！

play party 玩趴

playa 大玩家

playa-hata (alt.: player-hater) 玩家終結者

playdar 玩達

player 玩家

pleated pants 打褶褲

plot spoiler 破壞劇情

polyamory 多重性關係

Post-it note 便利貼

posterity poke 奉子女之命做愛

prenook 性愛協定

primer 無性愛前戲

proxy 代理好康

pull, to (British) 拉分（英國用法）

retrosexual 復古性愛

returning to the well 回鍋性愛

reunion 同學會

revenge sex 復仇性愛

ring finger 無名指

roger dodger 羅傑道傑

romance 戀愛

room of one's own, a 自己的房間

rotation 性愛圈

rules, the 愛情法規

Q

P131～133

quality control 品管

quarterlife crisis 四分之一人生的危機

quickie 打快炮

quirkyalone 獨身癖

R

P134～142

rain check 擇日再幹

rebound 性愛復健

rec sex 娛樂性愛

reciprocation 性愛回報

reference check 參考資料

Rejection Hotline 拒絕求愛熱線

reputation 壞名聲

S

P143～162

sack record 性史

safe(r) sex （較）安全性行為

Samantha Jones 莎曼珊‧瓊斯

sampler 性愛試吃員

Schrödinger's date 測不準的約會

scope, to 勘查

screen, to 審查對象

Second Sex, the 第二性

seduction 誘惑

serial dater 連環約會手

sesh 性約會

Sex and the City 慾望城市

Sex and the Single Girl 性愛與單身女子

sex degrees of separation 性度分離

sexile 性流放

sexpat 出國買春

sexpectations 性期待

sextra 性意外

signs 星座

singleton 單身族

sloppy seconds 濕黏時刻（粗鄙用語）

slut 賤婊子

slut, to 當個賤婊子

smug marrieds 自滿的已婚族

snack, to 玩親親

sober 清醒

social circle 社交圈

soundtrack 配樂

special friends 特別的朋友

speed dating 快速約會

speed dial 快速鍵

spouse swapping 交換伴侶

spring fever 思春熱

stats 基本資料

STDs 性病

STD ennui 性病倦怠

Sting 史汀

strike out 出局

strip poker/ Twister/ Scrabble, etc.
脫衣撲克／扭扭樂／七拼八湊

sugar daddy/sugar mama 乾爹／乾媽

sure thing 一定會跟你

suspension of disbelief 暫止疑惑

sweeps week 大掃除週

swinging 放浪

T

P163～170

take-me-back sex 回頭性愛

Tao of Steve, The 追女至尊

team player 團隊領導

tease, a 調情聖手

technical virgin 技術性處男處女

temp work 臨時工

terror sex 恐怖性愛

text messages 簡訊

third-base coach 三壘教練

three-way 3P

timing 時機

TiVo TiVo智慧型電視節目錄放影機

tofu boyfriend/tofu girlfriend 豆腐男女

toothing 藍芽釣人

toxic bachelor 有毒的單身漢

toys 玩具

trisexual 三方不決定性

try-sexual 性嘗試

U

P171〜174

u-were-wrong-to-leave-me sex 「甩掉我大錯特錯」性愛

umfriend 呃朋友

uncut 未割包皮

under the influence 鬼迷心竅

understudy 替補人選

unicorn 獨角獸

unilateral casual sex 單向逢場做愛

unrequited lust 無回報的慾望

urban tribe 都會部落

V

P175〜177

vanilla 香草

virgin-whore complex 處女蕩婦情結

virginity 貞操

W

P178〜182

walk of shame/walk of fame 羞恥大道／名人大道

"Was it good for you?" 這樣夠好嗎？

Webmail address 網路信箱

"What happens in [blank], stays in [blank]." 就地解決

"When will I see you again?" 何時能再見到你？

white lies 善意謊言

wingman 跟班男

wingwoman 跟班女

"Would you like to come in for a nightcap?" 要不要進來喝一杯？

X

P183〜184

Xerox machine 影印機

Y

P184〜186

"Your place, or mine?" 去你家或我家？

Z

P187〜188

zipless fuck 無拉鍊打炮

Essential Reading
┃ 重點閱讀

無賴：一個危險單身漢的告白（Cad: Confessions of a Toxic Bachelor），**P31**

床邊玩物小百科（Em & Lo's Sex Toy: An A-Z Guide to Bedside Accessories），
P169

道德浪女：性開放的全新思考（The Ethical Slut: A Guide to Infinite Sexual
Possibilities），**P57**

害怕飛行（Fear of Flying），**P188**

女性迷思（The Feminine Mystique），**P62**

他其實沒那麼喜歡妳（He's Just Not That Into You: The No-Excuse to
Understanding Guys），**P77**

把妹遊戲（The Game: Penetrating the Secret Society of Pickup Artists），**P124**

獨身癖（QuirkyAlone: A Manifesto for Uncompromising Romantics），網站：
QuirkyAlone.net，**P133**

第二性（The Second Sex），**P147**

性愛與單身女子（Sex and the Single Girl），**P149**

都會部落（Urban Tribes: A Generation Redefines Friends, Family and
Commitment），網站：Urban Tribes.net，**P174**

附錄

Essential Viewing
│ 重點影片

昨夜情深（About Last Night，1986年電影），P9

風流奇男子（Alfie，1966年電影，2005年重拍為阿飛外傳），P9

震撼性教育（Roger Dodger，2002年電影），P139

慾望城市（Sex and the City，電視影集），P148

追女至尊（The Tao of Steve，2000年電影），P164

Essential Accessories/Tools
│ 重點配備

藍芽通訊設備（Bluetooth enabled devices），P168

性愛酒精（booze），P24

名片（business cards），P28

來電顯示（caller ID），P32

保險套（condoms），P38

避孕（contraception），P38

服裝（costumes），P50

數位相機（digital camera），P111

電子信箱（email），P55

幸運內褲（lucky underwear），P97

拒絕求愛熱線（RejectionHotline.com），P136

手機簡訊（text-messaging for cell phones），P166

TiVo智慧型電視節目錄放影機（TiVo.com），P168

扭扭樂遊戲（Twister），P160

網路信箱（Webmail address），P179

Essential "Social Networking"
▌重點社交網路

成人交友網站：AdultFriendFinder.com，P9

蛋糕派對網站：CakeNYC.com，P31

克雷哥表單：CraigList.com，P39

抱抱派對網站：CuddleParty.com，P40

交友網站：Friendster.com，P64（也可以試試MySpace.com）

搜尋網站：Google.com，P71

紐約提腿俱樂部網站：OneLegUpNYC.com，P114

網路交友：Online personals, P116

把妹達人Mystery的網站：MysteryMethod.com，P124

快速約會網站：HurryDate.com，P156

跟班女網站：Officialwingwoman.com，P182

Essential Safety

| 重點防護

匿名性病通告（anonymous STD notification）：inspot.org，P10

保險套：condomania.com，P38

避孕：plannedparenthood.org，P38

美國皰疹熱線（Herpes Hotline）：919-361-84881，P77

人類乳突病毒資訊（HPV info）：ashastd.org，P81

（較）安全性行為（Safe(r) sex）：ashasted.org，P144

性病防治（STDs）：ashasted.org，P 158

附錄

十二星座中英對照表 Astrology Sun Signs

♈ 牡羊座 Aries 3/21-4/20

♉ 金牛座 Taurus 4/21-5/20

♊ 雙子座 Gemini 5/21-6/21

♋ 巨蟹座 Cancer 6/22-7/22

♌ 獅子座 Leo 7/23-8/22

♍ 處女座 Virgo 8/23-9/22

♎ 天秤座 Libra 9/23-10/22

♏ 天蠍座 Scorpio 10/23-11/21

♐ 射手座 Sagittarius 11/22-12/21

♑ 魔羯座 Capricorn 12/22-1/19

♒ 水瓶座 Aquarius 1/20-2/19

♓ 雙魚座 Pisces 2/20-3/20

十二生肖中英對照表 Chinese Zodiac Signs

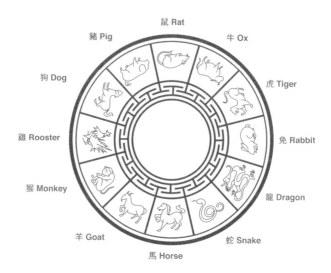

鼠 Rat
牛 Ox
虎 Tiger
兔 Rabbit
龍 Dragon
蛇 Snake
馬 Horse
羊 Goat
猴 Monkey
雞 Rooster
狗 Dog
豬 Pig

數詞的讀法 Pronunciation of Numerals

基數與序數 Cardinals and Ordinals

Roman Numerals 羅馬數字	Arabic Numerals 阿拉伯數字	讀法	數碼	讀法
I	1	one	1st	the first
II	2	two	2nd	the second
III	3	three	3rd	the third
IV	4	four	4th	the fourth
V	5	five	5th	the fifth
VI	6	six	6th	the sixth
VII	7	seven	7th	the seventh
VIII	8	eight	8th	the eighth
IX	9	nine	9th	the ninth
X	10	ten	10th	the tenth
XI	11	eleven	11th	the eleventh
XII	12	twelve	12th	the twelfth
XIII	13	thirteen	13th	the thirteenth
XIV	14	fourteen	14th	the fourteenth
XV	15	fifteen	15th	the fifteenth
XVI	16	sixteen	16th	the sixteenth
XVII	17	seventeen	17th	the seventeenth
XVIII	18	eighteen	18th	the eighteenth
XIX	19	nineteen	19th	the nineteenth
XX	20	twenty	20th	the twentieth
XXI	21	twenty-one	21st	the twenty-first
XXV	25	twenty-five	25th	the twenty-fifth
XXX	30	thirty	30th	the thirtieth
XL	40	forty	40th	the fortieth
L	50	fifty	50th	the fiftieth
LX	60	sixty	60th	the sixtieth
LXX	70	seventy	70th	the seventieth
LXXX	80	eighty	80th	the eightieth
XC	90	ninety	90th	the ninetieth
IC	99	ninety-nine	99th	the ninety-ninth
C	100	one hundred	100th	the hundredth
CII	102	a hundred and two	102nd	the (one) hundred and second

暱稱 CODE NAME：

評比 RATING：☆☆☆☆☆

電話 號碼DIGITS：

電子信箱 EMAIL：

偏好的連絡方式 PREFERRED METHOD OF BEING REACHED：簡訊／EMAIL／電話／順路來訪

平日聯絡的時間底線 LATEST TIME TO CALL ON A WEEKNIGHT：

假日聯絡的時間底線 LATEST TIME TO CALL ON A WEEKEND：

性癖好 FETISHES：

怪毛病 PET PEEVES：

出沒地點 LOCAL HAUNTS：

附註 NOTES：

是否加入性愛圈 IN ROTATIONS？

暱稱 CODE NAME：

評比 RATING：☆☆☆☆☆

電話 號碼DIGITS：

電子信箱 EMAIL：

偏好的連絡方式 PREFERRED METHOD OF BEING REACHED：簡訊／EMAIL／電話／順路來訪

平日聯絡的時間底線 LATEST TIME TO CALL ON A WEEKNIGHT：

假日聯絡的時間底線 LATEST TIME TO CALL ON A WEEKEND：

性癖好 FETISHES：

怪毛病 PET PEEVES：

出沒地點 LOCAL HAUNTS：

附註 NOTES：

是否加入性愛圈 IN ROTATIONS？

暱稱 CODE NAME：
....

評比 RATING：☆☆☆☆☆

電話 號碼DIGITS：
....

電子信箱 EMAIL：

偏好的連絡方式 PREFERRED METHOD OF BEING REACHED：簡訊／EMAIL／電話／順路來訪
....

平日聯絡的時間底線 LATEST TIME TO CALL ON A WEEKNIGHT：
....

假日聯絡的時間底線 LATEST TIME TO CALL ON A WEEKEND：
....

性癖好 FETISHES：
....

怪毛病 PET PEEVES：
....

出沒地點 LOCAL HAUNTS：
....

附註 NOTES：
....

....

....

是否加入性愛圈 IN ROTATIONS？
....

暱稱 CODE NAME：
....

評比 RATING：☆☆☆☆☆

電話 號碼DIGITS：
....

電子信箱 EMAIL：

偏好的連絡方式 PREFERRED METHOD OF BEING REACHED：簡訊／EMAIL／電話／順路來訪
....

平日聯絡的時間底線 LATEST TIME TO CALL ON A WEEKNIGHT：
....

假日聯絡的時間底線 LATEST TIME TO CALL ON A WEEKEND：
....

性癖好 FETISHES：
....

怪毛病 PET PEEVES：
....

出沒地點 LOCAL HAUNTS：
....

附註 NOTES：
....

....

....

是否加入性愛圈 IN ROTATIONS？
....

暱稱 CODE NAME：

評比 RATING：☆☆☆☆☆

電話 號碼 DIGITS：

電子信箱 EMAIL：

偏好的連絡方式 PREFERRED METHOD OF BEING REACHED：簡訊／EMAIL／電話／順路來訪

平日聯絡的時間底線 LATEST TIME TO CALL ON A WEEKNIGHT：

假日聯絡的時間底線 LATEST TIME TO CALL ON A WEEKEND：

性癖好 FETISHES：

怪毛病 PET PEEVES：

出沒地點 LOCAL HAUNTS：

附註 NOTES：

是否加入性愛圈 IN ROTATIONS?

暱稱 CODE NAME：

評比 RATING：☆☆☆☆☆

電話 號碼 DIGITS：

電子信箱 EMAIL：

偏好的連絡方式 PREFERRED METHOD OF BEING REACHED：簡訊／EMAIL／電話／順路來訪

平日聯絡的時間底線 LATEST TIME TO CALL ON A WEEKNIGHT：

假日聯絡的時間底線 LATEST TIME TO CALL ON A WEEKEND：

性癖好 FETISHES：

怪毛病 PET PEEVES：

出沒地點 LOCAL HAUNTS：

附註 NOTES：

是否加入性愛圈 IN ROTATIONS?

暱稱 CODE NAME：　　　　　　　　　　　　　評比 RATING：☆☆☆☆☆

　　　　　　　................................

電話 號碼DIGITS：　　　　　　　　　　　　電子信箱 EMAIL：

偏好的連絡方式 PREFERRED METHOD OF BEING REACHED：簡訊／EMAIL／電話／順路來訪

平日聯絡的時間底線 LATEST TIME TO CALL ON A WEEKNIGHT：

假日聯絡的時間底線 LATEST TIME TO CALL ON A WEEKEND：

性癖好 FETISHES：

怪毛病 PET PEEVES：

出沒地點 LOCAL HAUNTS：

附註 NOTES：

是否加入性愛圈 IN ROTATIONS？

暱稱 CODE NAME：　　　　　　　　　　　　　評比 RATING：☆☆☆☆☆

電話 號碼DIGITS：　　　　　　　　　　　　電子信箱 EMAIL：

偏好的連絡方式 PREFERRED METHOD OF BEING REACHED：簡訊／EMAIL／電話／順路來訪

平日聯絡的時間底線 LATEST TIME TO CALL ON A WEEKNIGHT：

假日聯絡的時間底線 LATEST TIME TO CALL ON A WEEKEND：

性癖好 FETISHES：

怪毛病 PET PEEVES：

出沒地點 LOCAL HAUNTS：

附註 NOTES：

是否加入性愛圈 IN ROTATIONS？

暱稱 CODE NAME：　　　　　　　　　　　　　　評比 RATING：☆☆☆☆☆

電話 號碼DIGITS：　　　　　　　　　　　　　　電子信箱 EMAIL：

偏好的連絡方式 PREFERRED METHOD OF BEING REACHED：簡訊／EMAIL／電話／順路來訪

平日聯絡的時間底線 LATEST TIME TO CALL ON A WEEKNIGHT：

假日聯絡的時間底線 LATEST TIME TO CALL ON A WEEKEND：

性癖好 FETISHES：

怪毛病 PET PEEVES：

出沒地點 LOCAL HAUNTS：

附註 NOTES：

是否加入性愛圈 IN ROTATIONS?

暱稱 CODE NAME：　　　　　　　　　　　　　　評比 RATING：☆☆☆☆☆

電話 號碼DIGITS：　　　　　　　　　　　　　　電子信箱 EMAIL：

偏好的連絡方式 PREFERRED METHOD OF BEING REACHED：簡訊／EMAIL／電話／順路來訪

平日聯絡的時間底線 LATEST TIME TO CALL ON A WEEKNIGHT：

假日聯絡的時間底線 LATEST TIME TO CALL ON A WEEKEND：

性癖好 FETISHES：

怪毛病 PET PEEVES：

出沒地點 LOCAL HAUNTS：

附註 NOTES：

是否加入性愛圈 IN ROTATIONS?

暱稱 CODE NAME：
　　　　　　　　　　　　　　　　　　　

評比 RATING：☆☆☆☆☆

電話 號碼DIGITS：
　　　　　　　　　　　　　　　　　　　

電子信箱 EMAIL：

偏好的連絡方式 PREFERRED METHOD OF BEING REACHED：簡訊／EMAIL／電話／順路來訪

平日聯絡的時間底線 LATEST TIME TO CALL ON A WEEKNIGHT：

假日聯絡的時間底線 LATEST TIME TO CALL ON A WEEKEND：

性癖好 FETISHES：

怪毛病 PET PEEVES：

出沒地點 LOCAL HAUNTS：

附註 NOTES：

是否加入性愛圈 IN ROTATIONS？

暱稱 CODE NAME：
　　　　　　　　　　　　　　　　　　　

評比 RATING：☆☆☆☆☆

電話 號碼DIGITS：
　　　　　　　　　　　　　　　　　　　

電子信箱 EMAIL：

偏好的連絡方式 PREFERRED METHOD OF BEING REACHED：簡訊／EMAIL／電話／順路來訪

平日聯絡的時間底線 LATEST TIME TO CALL ON A WEEKNIGHT：

假日聯絡的時間底線 LATEST TIME TO CALL ON A WEEKEND：

性癖好 FETISHES：

怪毛病 PET PEEVES：

出沒地點 LOCAL HAUNTS：

附註 NOTES：

是否加入性愛圈 IN ROTATIONS？

暱稱 CODE NAME :　　　　　　　　　　　　　　　　評比 RATING : ☆☆☆☆☆
....

電話 號碼DIGITS :　　　　　　　　　　　　　　　　電子信箱 EMAIL :
....

偏好的連絡方式 PREFERRED METHOD OF BEING REACHED : 簡訊／EMAIL／電話／順路來訪
....

平日聯絡的時間底線 LATEST TIME TO CALL ON A WEEKNIGHT :
....

假日聯絡的時間底線 LATEST TIME TO CALL ON A WEEKEND :
....

性癖好 FETISHES :
....

怪毛病 PET PEEVES :
....

出沒地點 LOCAL HAUNTS :
....

附註 NOTES :
....
....
....

是否加入性愛圈 IN ROTATIONS?
....

暱稱 CODE NAME :　　　　　　　　　　　　　　　　評比 RATING : ☆☆☆☆☆
....

電話 號碼DIGITS :　　　　　　　　　　　　　　　　電子信箱 EMAIL :
....

偏好的連絡方式 PREFERRED METHOD OF BEING REACHED : 簡訊／EMAIL／電話／順路來訪
....

平日聯絡的時間底線 LATEST TIME TO CALL ON A WEEKNIGHT :
....

假日聯絡的時間底線 LATEST TIME TO CALL ON A WEEKEND :
....

性癖好 FETISHES :
....

怪毛病 PET PEEVES :
....

出沒地點 LOCAL HAUNTS :
....

附註 NOTES :
....
....
....

是否加入性愛圈 IN ROTATIONS?
....

暱稱 CODE NAME：   評比 RATING：☆☆☆☆☆

電話 號碼DIGITS：   電子信箱 EMAIL：

偏好的連絡方式 PREFERRED METHOD OF BEING REACHED：簡訊／EMAIL／電話／順路來訪

平日聯絡的時間底線 LATEST TIME TO CALL ON A WEEKNIGHT：

假日聯絡的時間底線 LATEST TIME TO CALL ON A WEEKEND：

性癖好 FETISHES：

怪毛病 PET PEEVES：

出沒地點 LOCAL HAUNTS：

附註 NOTES：

是否加入性愛圈 IN ROTATIONS?

暱稱 CODE NAME：   評比 RATING：☆☆☆☆☆

電話 號碼DIGITS：   電子信箱 EMAIL：

偏好的連絡方式 PREFERRED METHOD OF BEING REACHED：簡訊／EMAIL／電話／順路來訪

平日聯絡的時間底線 LATEST TIME TO CALL ON A WEEKNIGHT：

假日聯絡的時間底線 LATEST TIME TO CALL ON A WEEKEND：

性癖好 FETISHES：

怪毛病 PET PEEVES：

出沒地點 LOCAL HAUNTS：

附註 NOTES：

是否加入性愛圈 IN ROTATIONS?

213

作者簡介

Em & Lo

Em & Lo是艾瑪・泰勒（Emma Taylor）與洛樂萊・夏琪（Lorelei Sharkey）兩人的名字縮寫，她們是典型的鄰家女孩……只不過開口閉口都是假陽具與雜交。兩人合作的作品有《大高潮》（The Big Bang）、《性愛禮儀術》（Nerve's Guide to Sex Etiquette）、《天天好體位》（Position of the Day）等書，也在許多雜誌上發表文章，如《New York》、《Glamour》，以及《時尚健康》（Men's Health）等，並在自己的網站EmandLo.com上面，撰寫性愛諮詢以及占星專欄。兩人目前定居在紐約市布魯克林區。

攝影：Joey Cavella

插圖

亞瑟・芒特（**Arthur Mount**）

1973年生，美國生活主題插畫家，加州大學藝術系畢業。許多報章雜誌均可見到他的畫作，如《GQ》、《Wallpaper》、《New York TIMES》、《Fortune》、《Sunset》、《Dwell》等。

譯者簡介：

但唐謨

台大戲劇研究所畢業，發表諸多藝評、影評、文評，散見於各大媒體。譯有《已婚男人》、《紐約—都市空間與建築》（木馬）、《猛男情結》（性林）、《網路獵殺》（遠流）、《認識盧恩符文的第一堂課》（尖端），以及《搞定男人》、《啊！好屌》、《天天好體位》、《簡明性愛辭典》（大辣）。

附錄

簡明性愛辭典 / 愛瑪·泰勒（Emma Taylor），洛樂萊·夏琪（Lorelei Sharkey）作；但唐謨譯. --初版.
--臺北市：大辣出版：大塊文化發行, 2007〔民96〕面；公分.--（dala sex；14）譯自：Em & Lo's
Rec Sex : An A-Z Guide to Hooking Up

ISBN 978-986-82719-4-4　1.性知識　429.1　95024506

not only passion